Bibliothek des Radio-Amateurs 4. Band
Herausgegeben von **Dr. Eugen Nesper**

Die Röhre
und ihre Anwendung

Von

Hellmuth C. Riepka

Zweite, vermehrte Auflage

Mit 134 Textabbildungen

Springer-Verlag Berlin Heidelberg GmbH
1925

ISBN 978-3-662-27427-9   ISBN 978-3-662-28914-3 (eBook)
DOI 10.1007/978-3-662-28914-3

Zur Einführung
der Bibliothek des Radio-Amateurs.

Schon vor der Radio-Amateurbewegung hat es technische und sportliche Bestrebungen gegeben, die schnell in breite Volksschichten eindrangen; sie alle übertrifft heute bereits an Umfang und an Intensität die Beschäftigung mit der Radio-Telephonie.

Die Gründe hierfür sind mannigfaltig. Andere technische Betätigungen erfordern nicht unerhebliche Voraussetzungen. Wer z. B. eine kleine Dampfmaschine selbst bauen will — was vor zwanzig Jahren eine Lieblingsbeschäftigung technisch begabter Schüler war —, benötigt einerseits viele Werkzeuge und Einrichtungen, muß andererseits aber auch ein guter Mechaniker sein, um eine brauchbare Maschine zu erhalten. Auch der Bau von Funkeninduktoren oder Elektrisiermaschinen, gleichfalls eine Lieblingsbetätigung in früheren Jahrzehnten, erfordert manche Fabrikationseinrichtung und entsprechende Geschicklichkeit.

Die meisten dieser Schwierigkeiten entfallen bei der Beschäftigung mit einfachen Versuchen der Radio-Telephonie. Schon mit manchem in jedem Haushalt vorhandenen Altgegenstand lassen sich ohne besondere Geschicklichkeit Empfangsresultate erzielen. Der Bau eines Kristalldetektorempfängers ist weder schwierig noch teuer, und bereits mit ihm erreicht man ein Ergebnis, das auf jeden Laien, der seine ersten radiotelephonischen Versuche unternimmt, gleichmäßig überwältigend wirkt: Fast frei von irdischen Entfernungen, ist er in der Lage, aus dem Raum heraus Energie in Form von Signalen, von Musik, Gesang usw. aufzunehmen.

Kaum einer, der so mit einfachen Hilfsmitteln angefangen hat, wird von der Beschäftigung mit der Radio-Telephonie loskommen. Er wird versuchen, seine Kenntnisse und seine Apparatur zu verbessern, er wird immer bessere und hochwertigere Schaltungen ausprobieren, um immer vollkommener die aus dem Raum kommenden Wellen aufzunehmen und damit den Raum zu beherrschen.

Diese neuen Freunde der Technik, die „Radio-Amateure", haben in den meisten großzügig organisierten Ländern die Unterstützung weitvorausschauender Politiker und Staatsmänner gefunden unter dem Eindruck des universellen Gedankens, den das Wort „Radio" in allen Ländern auslöst. In anderen Ländern hat man den Radio-Amateur geduldet, in ganz wenigen ist er zunächst als staatsgefährlich bekämpft worden. Aber auch in diesen Ländern ist bereits abzusehen, daß er in seinen Arbeiten künftighin nicht beschränkt werden darf.

Wenn man auf der einen Seite dem Radio-Amateur das Recht seiner Existenz erteilt, so muß naturgemäß andererseits von ihm verlangt werden, daß er die staatliche Ordnung nicht gefährdet.

Der Radio-Amateur muß technisch und physikalisch die Materie beherrschen, muß also weitgehendst in das Verständnis von Theorie und Praxis eindringen.

Hier setzt nun neben der schon bestehenden und täglich neu aufschießenden, in ihrem Wert recht verschiedenen Buch- und Broschürenliteratur die „Bibliothek des Radio-Amateurs" ein. In knappen, zwanglosen und billigen Bändchen wird sie allmählich alle Spezialgebiete, die den Radio-Amateur angehen, von hervorragenden Fachleuten behandeln lassen. Die Kopplung der Bändchen untereinander ist extrem lose: jedes kann ohne die anderen bezogen werden, und jedes ist ohne die anderen verständlich.

Die Vorteile dieses Verfahrens liegen nach diesen Ausführungen klar zutage: Billigkeit und die Möglichkeit, die Bibliothek jederzeit auf dem Stande der Erkenntnis und Technik zu erhalten. In universeller gehaltenen Bändchen werden eingehend die theoretischen Fragen geklärt.

Kaum je zuvor haben Interessenten einen solchen Anteil an literarischen Dingen genommen wie bei der Radio-Amateurbewegung. Alles, was über das Radio-Amateurwesen veröffentlicht wird, erfährt eine scharfe Kritik. Diese kann uns nur erwünscht sein, da wir lediglich das Bestreben haben, die Kenntnis der Radiodinge breiten Volksschichten zu vermitteln. Wir bitten daher um strenge Durchsicht und Mitteilung aller Fehler und Wünsche.

Dr. Eugen Nesper.

Vorwort zur ersten Auflage.

Nachdem die Schranken, die das Gesetz für die Geheimhaltung militärischer Angelegenheiten während des Weltkrieges den wissenschaftlichen Publikationen gesetzt hatte, Ende 1918 gefallen waren, erschienen auch auf dem deutschen Büchermarkte eine größere Anzahl Veröffentlichungen über das Gebiet dieses Bandes, so daß es fast scheinen möchte, ein neues Werk ist überflüssig. Trotzdem bin ich der Aufforderung des Herausgebers der Bibliothek Dr. E. Nesper, ein Amateurbuch über die Elektronenröhre zu schreiben, gern gefolgt, und zwar auf Grund der Erfahrungen vieler Amateure beim Studium der einschlägigen Literatur. Man findet in einigen Werken nur die mathematische Behandlung der Vorgänge in der Röhre, in anderen nur wieder eine allgemeine physikalische Darstellung, aber das, was der Amateur benötigt: Zahlenwerte, Daten und technisch-praktische Anmerkungen lassen die meisten Bücher vermissen. Mit diesem Bande will ich versuchen, diese Lücke auszufüllen. Zur Erleichterung des Studiums behandle ich, soweit es durchführbar ist, die einzelnen Kapitel nacheinander vom theoretisch-physikalischen, mathematischen und praktisch-technischen Standpunkt. Durch diese Einteilung ist ein jeder in der Lage, das Gebiet nach seinem Geschmack durchzuarbeiten. Trotz der Geheimniskrämerei der wissenschaftlichen Laboratorien vieler deutscher Firmen und trotz der schwierigen Beschaffung ausländischer Literatur will ich versuchen, auch die neuesten Gebiete zu erwähnen, da gerade in dieser Zeit eine lebhafte Vorwärtsbewegung in der Drahtlosen zu verspüren ist.

Ich beabsichtige für die Zukunft in der Zeitschrift „Der Radio-Amateur" eine Zusammenstellung in Form von „losen Blättern", die jeder nach seinem Geschmack ordnen kann, zu bringen, mit folgendem Inhalt:

1. Je ein vollständig durchkonstruiertes Beispiel aller in diesem Buch erwähnten Schaltungen mit sämtlichen Maßangaben;

2. Anweisungen zur Behebung von Fehlern und Störungen an Apparaten.

Für die Anfertigung vieler Skizzen bin ich Herrn Ingenieur Fischer, Charlottenburg, zu Dank verpflichtet.

Charlottenburg, im Frühjahr 1924.

Der Verfasser.

Vorwort zur zweiten Auflage.

Die zahlreichen Zuschriften, die der Herausgabe der ersten Auflage des vorliegenden Bändchens folgten, bestärkten mich trotz des geäußerten Beifalls in der Überzeugung, daß auch bei Berücksichtigung des geringen Umfanges die Schrift recht große Lücken aufweist. In der zweiten Auflage will ich versuchen, wenigstens einen Teil dieser Lücken auszufüllen, insbesondere durch die Hinzufügung folgender neuer Abschnitte:

Fadenheizung mit Wechselstrom;

Miniwattröhren;

verzerrungsfreie Endverstärker;

neue Ökonomieschaltungen.

Dem Wunsche vieler Leser entsprechend sind die Schaltzeichnungen durchgehend mit Dimensionsangaben und Maßen versehen worden. Die mathematischen Abschnitte des Buches können ohne Beeinflussung der Verständlichkeit der anderen Kapitel übersprungen werden.

Zu besonderem Danke bin ich den Firmen Dr. E. F. Huth, Loewe-Audion, C. Lorenz, C. H. F. Müller, Süddeutsche Kabelwerke, Telefunken für die Überlassung von Abbildungen und sonstigem Material verpflichtet. Dem Verlage Julius Springer danke ich für das Entgegenkommen bei der Herstellung der zweiten Auflage.

Charlottenburg, im Herbst 1924.

Der Verfasser.

Inhaltsverzeichnis.

I. Die physikalischen Grundlagen.

Es ist eine oft bestätigte Tatsache, daß wir in ein Zeitalter des Hastens und Jagens eingetreten sind. Die Zeiten der Postkutsche und des Segelschiffs sind vorüber, der Geschäftsbrief wird mehr und mehr durch Telephon und Telegraph verdrängt, und sogar geistiges Arbeiten und Schaffen wird taylorisiert. Die Dampfmaschine brauchte für ihre Entwicklung 75 Jahre, der Elektromotor wurde in 40 Jahren ein unentbehrlicher Helfer im menschlichen Leben, die drahtlose Telegraphie durcheilte in 25 Jahren eine sprunghafte Entwicklung, und ein Element der Fernmeldetechnik, die Röhre, wurde in 10 Jahren zu einem Kunstwerk höchster Vollendung. Ökonomie auf allen Gebieten, sogar im Erfinden.

Es ist ein Kennzeichen moderner Erfindungen, daß sie einen umfassenden Grundstock theoretischen Wissens voraussetzen. Wie ein Wasserrad arbeitet, versteht vielleicht ein jeder, die Dampfmaschine bereitet schon mehr Schwierigkeiten, und das Telephon vollends kennen viele nur von außen. So verlangt die Elektronenröhre eine Unmenge von physikalischen, mathematischen und technischen Vorkenntnissen, die ich in den Einleitungskapiteln wenigstens in großen Umrissen bringen möchte.

a) Die Elemente der Atomtheorie.

Die Arbeiten und Forschungen auf dem Gebiete der elektrischen Erscheinungen werden augenblicklich von der Elektronentheorie beherrscht, die von Helmholtz begründet, von Lorenz und deutschen, englischen, dänischen Forschern auf dem Gebiete der Atomstruktur weiter entwickelt wurde. Wenn auch manche gelungene Versuche für diese Theorie zu sprechen scheinen, so gibt es doch viele Punkte, in denen sie noch vollkommen unbewiesen ist, so daß wir im großen und ganzen die Theorie als rein spekulativ betrachten müssen. Trotzdem kann der Wahrheitsbeweis für uns ganz gleichgültig sein: eine Hypothese ist für uns dann brauch-

bar, wenn sie die beobachteten Erscheinungen zu erklären vermag und man mit ihrer Hilfe bis zu einer gewissen Wahrscheinlich-
keit neue Erscheinungen voraussagen kann. So werden wir verschiedenen Hypothesen begegnen, die diesen Ansprüchen, manchmal nur diesen, genügen.

Wir nennen M a t e r i e alles, was Trägheit, träge Masse, besitzt.
Diese Materie zerlegt man bekanntlich nach den Gesetzen der Chemie
in A t o m e, kleinste Teilchen von der Größenordnung 10^{-8} cm
($= \frac{1}{100\,000\,000}$ cm) im Durchmesser. Diese Atome wurden früher als
unteilbar betrachtet. Nach den theoretischen Betrachtungen von

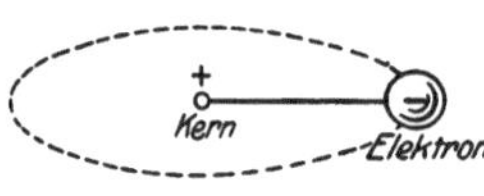

Abb. 1. Neutrales
Wasserstoffatom.

Bohr und So m m erfeld und nach den
experimentellen Untersuchungen von
R u t h e r f o r d und L a n g m u i r ist aber
das Atom nicht homogen, sondern ein
höchst kompliziertes Gebilde. Jedes Atom
besitzt einen positiven Kern, d. h. einen
Kern, der irgendwie imstande ist, einen Teil negativer Elektrizität
elektrisch zu binden, zu neutralisieren. Dieser K e r n stellt den
Hauptteil der materiellen Masse des Atoms dar, die auf die

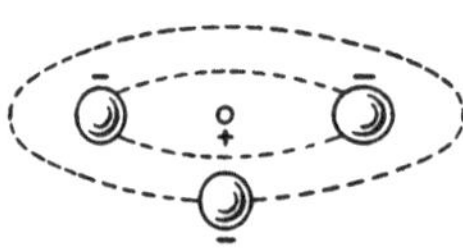

Abb. 2. Lithiumatom.

Schwerkraft reagiert. Versuche lassen es
wahrscheinlich erscheinen, daß dieser
Kern entweder H (Wasserstoff), oder He
(Helium) oder X (Nebulium?) ist. Der
Kern ist umgeben von einer Schar Elektronen. Die E l e k t r o n e n sind nach
unserer Betrachtungsweise die Bausteine der Elektrizität, sie
sind negativ. Es ist also falsch, von positiver oder negativer
Elektrizität zu reden: es gibt nur negative. Ein Körper, der im
Verhältnis zu seiner Oberfläche die gleiche Anzahl freier Elektronen
wie die Erde, der größte unseren elektrischen Messungen zugäng-
liche Körper, besitzt, hat die Spannung 0. Besitzt der Körper
ein Überschuß freier Elektronen, so ist er negativ, bei einem Unter-
schuß positiv geladen[1]).

Die Elektronen liegen nun nicht wirr um den Atomkern
herum, sondern umkreisen ihn in ganz bestimmten Abständen
und in bestimmter Anzahl. Ordnet man die Atome der be-

____

[1]) Der Elektronengehalt der Erde beträgt angenähert $43 \cdot 10^4$ Coulomb. Die Spannung der Erde (bei unseren Messungen als Nullpotential
betrachtet) ist gegenüber dem absoluten Nullpunkt ungefähr $6 \cdot 10^8$ Volt.

kannten Elemente nach wachsendem Atomgewicht, so gibt die Ordnungszahl die Anzahl der Elektronen, die den Kern umkreisen. Diese Zahl steht auch in einem bestimmten Verhältnis zur Zahl der Spektrallinien im Spektrum des betreffenden Elements. Die soeben beschriebenen Elektronen nennt man gebundene Elektronen. Ihre negative Ladung wird durch die positiven Eigenschaften des Atomkerns aufgehoben. Nach außen ist dann das Atom elektrisch indifferent. Die Größe des Elektronen beträgt ungefähr $2 \cdot 10^{-13}$ cm als Durchmesser bei kugelförmig gedachtem Elektron, die Masse $1{,}7 \cdot 10^{-24}$ g und die Ladung $1{,}5 \cdot 10^{-19}$ Coulomb (1 Cb = Strommenge, die bei einem Ampere in einer Sekunde durch den Querschnitt einer Leitung fließt). Den einfachsten Aufbau besitzt das Wasserstoffatom: ein Elektron umkreist im Abstande von $0{,}55 \cdot 10^{-8}$ cm den Kern und durchläuft den Kreis $6{,}5 \cdot 10^{15}$ mal in der Sekunde.

Der Verband der Atome ergibt den Stoff, die Materie. Die Atome liegen nicht dicht beieinander, sondern für die Kleinheit der Elektronen unendlich weit voneinander entfernt, bei einem unserer dichtesten Stoffe, dem Platin, sind in einem 1 cbm großen Block nur 1 cmm Atome, wenn man sie ganz dicht zusammenpressen könnte. Die Zwischenräume zwischen den Atomen sind nicht ganz leer, in ihnen wirken sich die Kräfte aus, die die äußeren mechanischen, thermischen und elektrischen Erscheinungen bedingen. Außerdem befinden sich in diesen Zwischenräumen eine Anzahl freier Elektronen, die den Elektronenfluß, den wir „elektrischen Strom" nennen, übernehmen. Sie werden von der Einwirkung äußerer Kräfte betroffen (Induktionserscheinungen usw.). Können diese freien Elektronen sich leicht bewegen, so leitet der Körper gut (Metalle), haben sie große Reibungen zu überwinden, so kommt ein Strom nicht zustande, wir haben einen Nichtleiter, einen Isolator. Fließen in einer Sekunde $6 \cdot 10^{18}$ freie Elektronen durch einen Querschnitt, so nennt man diesen Strom: ein Ampere (siehe obengenannte Zahl für die Ladung eines Elektrons).

b) Die Grundzüge der Elektromechanik.

Für die Beurteilung elektrischer Vorgänge ist der Begriff des Feldes maßgebend. Wir verstehen unter einem Felde irgendeinen Raum, bei dem wir den Zustand der einzelnen Punkte von einem bestimmten Gesichtspunkte aus betrachten. Bestimmen wir z. B. in einem Zimmer, einem abgeschlossenen Raume, an allen Stellen die Temperatur, so können wir bei einer Darstellung dieser Temperaturen in Abhängigkeit vom Meßpunkt (als Funktion des Meßpunktes) von einem Temperaturfelde sprechen. Messen wir an verschiedenen Stellen der Erdoberfläche Richtung und Stärke der erdmagnetischen Kraft, die die Kompaßnadel beeinflußt, so reden wir von einem erdmagnetischen Felde. Untersuchen wir in einem Windkanal mittels kleiner Windfähnchen Richtung und Stärke des Luftzuges, so untersuchen wir ein Strömungsfeld. Dem aufmerksamen Leser wird schon ein prinzipieller Unterschied der Felder aufgefallen sein: bei den ersteren stellt man in jedem Punkt nur die Größenzahl des physikalischen Zustandes fest, z. B. Temperatur (°C), Barometerstand (mm Hg), Lichthelligkeit (Lux), es sind dies die skalaren Felder; bei den anderen mißt man neben der Größe auch die Richtung, z. B. Stärke und Richtung des Erdmagnetismus (Intensität, Inklination und Deklination), bei einem elektrischen Felde das Potential und die Richtung des Spannungsabfalls usw. Diese Felder nennt man vektorielle Felder. Ich bringe diese scheinbar höchst wissenschaftlichen Namen und Unterscheidungen, um dem Amateur die Durcharbeit von Fachwerken zu erleichtern, in denen diese Termini technici als selbstverständlich vorausgesetzt werden und oft trotz der Einfachheit der Begriffe den Leser entmutigen.

Ein solches Feld graphisch (zeichnerisch) darzustellen, ist eine Aufgabe, die oft an den Forscher herantritt. Jeder gebildete Laie kennt solche Darstellungen. Man verbindet die Punkte gleicher Eigenschaft durch Linien und erhält so Niveaukarten: Wanderkarten mit Höhenlinien, Segelkarten mit Tiefenlinien der Wasserstraßen. In diesen Beispielen ist die betrachtete Größe, der Skalar (nur Größe wird betrachtet), die Höhe über dem Meeresspiegel. Bei den Wetterkarten sieht man graphische Darstellungen der Temperaturfelder und Luftdruckfelder (Isothermen und Isobaren). Wir werden bei der Beschreibung des elektrischen Zustandes in der Röhre auch von der Darstellungsmethode der Niveaulinien Gebrauch machen.

Haben wir die Niveaulinien z. B. eines Berges als Höhenschichtlinien gezeichnet, so ist es nicht schwer, diejenigen Linien zu konstruieren, die den stärksten Abfall zwischen den Höhenlinien angeben, das wären die Linien, in denen das Wasser herabfließen

würde. Es ist leicht einzusehen, daß diese Linien senkrecht auf
den Niveaulinien stehen. Diese Linien heißen Feldlinien. Bei
einem elektrischen Potential- (Spannungs-) Felde würden diese
Feldlinien die Bewegungsbahnen der unter dem Einfluß dieses
Feldes fliegenden Elektronen sein. Es sei nochmals festgehalten:
Potential- (Niveau-) Linien und Feldlinien stehen immer senkrecht
aufeinander.

Lade ich einen Körper mit einer gewissen Elektrizitätsmenge Q,
so heißt das, ich fülle ihn mit einer großen Anzahl Elektronen an,
die seinen Gehalt an freien Elektronen noch vermehren. Die Einheit der Elektrizitätsmenge ist das Coulomb. 1 Cb =
Elektrizitätsmenge von $6 \cdot 10^{18}$ Elektronen. Da die Elektronen
alle gleich, negativ geladen sind, stoßen sie sich nach den bekannten Gesetzen gegenseitig ab, drängen sich also nach der
Oberfläche des geladenen Körpers, seine Aufnahmefähigkeit, Kapazität, ist also abhängig von seiner Oberfläche.
Je höher der relative Gehalt an Elektronen der Lade-
quellen ist, d. h. je höher seine Spannung ist, desto mehr
Elektronen werden in den anderen Körper hineingepreßt. Wir
kommen zu der Gleichung:

Elektrizitätsmenge = Spannung × Kapazität.

Bewegt sich ein Elektron mit einer Geschwindigkeit in der
Größenordnung der Lichtgeschwindigkeit, so bringt es eine
Störung im umgebenden Äther hervor, dem „sagenhaften" Stoff,
der für uns der Träger aller elektromagnetischen Erscheinungen ist.
Diese Störung nennen wir Magnetismus und
haben so eine zwanglose Verbindung der elektrischen mit den magnetischen Vorgängen ge-
schaffen. Wir kennzeichneten oben einen Vektor
als eine Größe, deren Zahlenbetrag und deren
Richtung interessiert. Benutzen wir diese Aus-
drucksweise hier zur Festlegung eines funda-

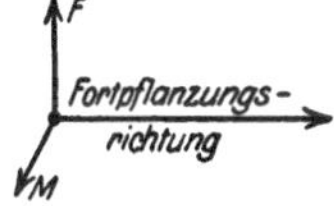

Abb. 3. Stellung
der Vektoren im
Raum.

mentalen Satzes: Die Erfahrung, d. h. der Versuch lehrt, daß der
Vektor der elektrischen Strömung senkrecht auf dem magnetischen Vektor steht und umgekehrt.

Den Begriff der Kapazität hatte ich schon oben gegeben; sie ist
also eng verknüpft mit der Oberfläche des betrachteten Körpers.
In der Radiotelegraphie ist die Einheit der Kapazität 1 cm,
d. h. die Kapazität (Aufnahmefähigkeit für Elektrizität) einer

Kugel von 1 cm Radius (Halbdurchmesser). Diese Maßbezeichnung ist nur in Deutschland üblich. Im Auslande ist die Einheit:

$$1 \text{ Mikro farad} = 1\,\mu F = 9 \cdot 10^5 \text{ cm.}$$

Wir sahen, daß Magnetismus und Elektrizität durch die Vektorbeziehung eng verknüpft sind. Der Versuch zeigt, daß bei Bewegung eines Leiters (also freier Elektronen) in einem magnetischen Felde in diesem Leiter ein Strom (eine Bewegung der Elektronen) hervorgerufen wird (Induktion). Umgekehrt erzeugt jeder elektrische Strom ein magnetisches Feld. Die Stärke dieses Feldes hängt natürlich ab von der Stromstärke und der Zahl der felderzeugenden (induzierenden) Leiter (bei kreisförmigen Leitern = Windungszahl). Das von einem Leiter erzeugte magnetische Feld beeinflußt natürlich diesen Leiter selbst wieder, induziert in ihm bei Feldänderung einen „Selbstinduktions"-Stromstoß. Die Stärke dieser Selbstinduktion ist abhängig von der Anordnung des Leiters (Windungszahl, Windungsradius, Drahtlänge usw.). Es wird so folgende Definition verständlich:

Eine Spule besitzt 1 Henry (Hy) Selbstinduktion, wenn bei einer Änderung des in ihr fließenden Stromes um 1 A (also von z. B. 0 bis 1 oder 4 bis 5 oder 10 bis 9 A) in einer Sekunde eine Selbstinduktionsspannung von 1 V an ihren Enden auftritt.

Die Bedeutung dieser Ausdrücke wird bei den Anwendungen klar werden, hier sollten sie nur einmal genannt werden, um den Zusammenhang zu geben.

II. Das Zweielektrodenrohr.

a) Die Elektronenemission.

In ganz großen Umrissen habe ich in dem ersten Kapitel versucht, einen Einblick in die Atomstruktur zu geben. Wir haben kennengelernt, wie jedes Atom eine Welt für sich ist, wie der Atomkern eine große Anzahl Elektronen an sich bindet, wie bei dem Wasserstoffatom ein Elektron, beim Eisenatom z. B. aber eine Schar von einigen Hundert Elektronen gebunden sind. In, bei der Kleinheit der Atome, riesengroße Entfernungen verstreut, bildet der Atomschleier die uns so kompakt erscheinende Materie, die uns dicht erscheint, weil die weit auseinanderliegenden Atome durch sehr starke innere Kräfte zusammengehalten werden, ohne sich vollkommen nähern zu können. In den großen Zwischenräumen zwischen den Atomen, die durch chemische Kräfte noch zu komplizierten Molekülen vereinigt sein können, finden wir bei manchen Stoffen eine Unzahl freier Elektronen, die den Körper zu einem Leiter machen.

Wir kommen nun endlich zu unserem eigentlichen Thema, dem Vakuumrohr. Sämtliche Anwendungen der Elektronenrelais beruhen auf der Überlegung, daß wir uns in irgendeiner Art und Weise freie Elektronen schaffen, die wegen ihrer äußerst geringen Trägheit sich leicht leiten oder steuern lassen, die allen aufgedrückten Kräften ideal folgen und so die zahllosen Aufgaben, die in den Schaltanordnungen an das Relais gestellt werden, erfüllen. Der Grundgedanke einer jeden Röhrenanordnung besteht darin: ich erzeuge mir aus einer beliebigen Elektronenquelle einen ständigen Vorrat an Elektronen, einen Elektronenstrom, auf den ich dann Kräfte einwirken lasse. Es tut sich aber nun eine Schwierigkeit auf: lasse ich die Elektronen in die freie Atomsphäre oder überhaupt in einen gaserfüllten Raum austreten, so werde ich die gewünschten Erscheinungen gar nicht oder nur sehr verwaschen zu Gesicht bekommen. Das ist durch das anwesende Gas bedingt. In jedem Kubikzentimeter eines Gases im Normalzustand sind $2 \cdot 10^{19}$ Moleküle (20 Trillionen) enthalten, die armen Elektronen würden gar nicht ihren geraden Weg laufen können, sondern dauernd auf ein Molekül des Gases aufprallen. Aber nicht nur das, die Gasmoleküle enthalten in ihrem Atomaufbau auch Elektronen, es kann nun passieren, daß durch die Wucht eines aufprallenden Elektrons ein Gasatom entzweigeht, und so neue Elektronen frei werden (Stoßionisation), die natürlich den ganzen Vorgang verwirren. Außerdem befinden sich nach der kinetischen Gastheorie die Gasmoleküle in lebhafter Wärmebewegung, die erst beim absoluten Temperaturnullpunkt ($= - 273° C$) zum Stehen kommt: kurz und gut, eine Gasatmosphäre können wir bei unseren Elektronenversuchen nicht gebrauchen. Wir evakuieren also. Wenn nun aber in jedem Kubikzentimeter 20 Trillionen Moleküle vorhanden sind, dann müssen wir sehr stark auspumpen, um aus unserem Untersuchungsgefäß jeden störenden Gasrest zu entfernen; bekanntlich evakuiert man die Elektronenröhren mit der

Gädeschen Diffusionspumpe bis auf $^1/_{10\,000\,000}$ mm Quecksilbersäule (760 mm Quecksilbersäule ist der normale Luftdruck).

Zur Herstellung von freien Elektronen in unserem fast luft-
leeren Glasgefäß stehen uns mehrere Möglichkeiten zur Ver-
fügung. Von diesen hat, wenigstens in der Radiotechnik, nur eine,
die Glühkathode, eine Anwendung gefunden. Nach den Lehr-
sätzen der Thermodynamik ist die Wärme eine Energieform, und
zwar die mechanische Energie der sich lebhaft bewegenden Atome.
Diese Bewegung kommt zum Stillstand bei dem absoluten Nullpunkt ($-273°$ C $= 0°$ Kelvin) und wird um so lebhafter, je
wärmer der Körper ist. Haben wir nun einen Leiter, also einen
Körper mit freien Elektronen, so werden bei Erhitzung dieses
Körpers durch die dauernden Zusammenstöße mit den Atomen
die freien Elektronen an der Wärmebewegung teilnehmen. Kommt
der Körper zur Hellglut, so geht die Bewegung so weit, daß es
manchen Elektronen möglich wird, aus dem elektrostatischen
Anziehungsbereich, den einzelnen Kräftefeldern, der Atome zu
entfliehen und aus dem Körper herauszutreten. Der Vorgang des
Elektronenaustritts, der Elektronenverdampfung, ist nach dieser
Betrachtungsweise nur abhängig von der Temperatur und der
Art des Leiters. Er ist eine Funktion von T (Temperatur absolut
in Kelvingraden) und von a, b (Materialkonstanten). Wollen wir
den Versuch messend verfolgen, so müssen wir die Anzahl der
austretenden Elektronen feststellen. Nach früheren Betrachtungen wissen wir, daß $6 \cdot 10^{18}$ Elektronen, die in einer Sekunde
durch einen Querschnitt hindurchtreten, einen Strom von 1 Ampere
entsprechen. Zur Messung vereinige ich also alle Elektronen zu
einem Strome, den ich mit einem Amperemeter messe.

Wie fasse ich die austretenden Elektronen zusammen? Ein Strom
ist das gleichgerichtete Fließen einzelner Teilchen; unsere Elektronen müssen in gleicher Richtung zum Fließen kommen. Man erreicht das einfach dadurch, daß man der Glühkathode, einem glühen-
den Metallfaden, eine Elektrode gegenüberstellt, die man dauernd
auf einem positiven Potential hält. Diese Plattenelektrode, ein
platten- oder zylinderförmiges Metallblech, ist für die Elektronen ein leeres Flußtal, denn positiv heißt ja: geringerer
Elektronenvorrat als die Umgebung; die negativen Elektri-
zitätsteilchen strömen alle auf diese positive Platte, die Anode,
zu. Durch das Einführen einer Anode erzeugen wir im Vakuum-

rohr ein elektrostatisches Feld: an jedem Punkte des Vakuumraumes herrscht durch den Einfluß der Anode eine Kraft von bestimmter Größe und Richtung. Wir haben ein Vektorfeld vor uns, unter dessen Wirkung sich die einzelnen Elektronen zwangsläufig zur Anode hin bewegen. Die Geschwindigkeit und Bewegungsenergie der Elektronen ist abhängig von der Anodenspannung und von der Anodenentfernung, sie ist eine Funktion des Spannungsgefälles. Ist die Anodenspannung groß genug, um einige störende Nebenerscheinungen zu kompensieren, so gilt nach Richardson für den Gesamtelektronenstrom, den Sättigungsstrom, die Gleichung:

$$J_s = a \cdot F \cdot \sqrt{T} \cdot e^{-\frac{b}{T}}$$

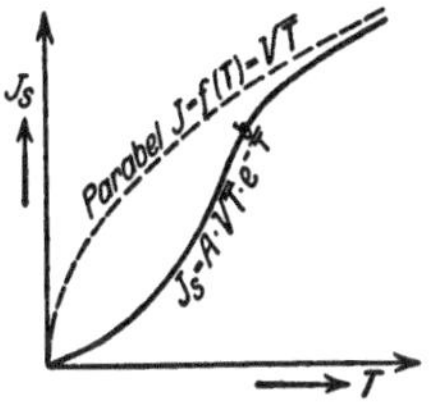

(Philosophical Transactions Bd. 201, S. 516, 1903).

In dieser Gleichung bedeutet:

$J_s =$ Sättigungsstrom; $F =$ Oberfläche der Glühkathode,

$T =$ absol. Temperatur; a, $b =$ Materialkonstanten. $e = 2,71828\ldots$, (also ein Zahlenfaktor). In der Zeichnung ist $a \cdot F = A$ gesetzt.

Abb. 4. Elektronenstrom in Abhängigkeit von der Temperatur.

Die Materialkonstanten a und b werden durch Versuch ermittelt und haben folgende Größe:

	a	b
Wolfram	$2,36 \cdot 10^{10}$	52 500
Oxydfaden[1])	$8 \div 24 \cdot 10^7$	19 000—24 000
Thorium	$20 \cdot 10^6$	38 000 !
Molybdän	$2,1 \cdot 10^{10}$	50 000
Tantal	$1,12 \cdot 10^{10}$	50 000

Werden diese Werte eingesetzt, so erhält man J_s in m A für 1 cm² Kathodenoberfläche. Das Thorium ergibt auffallend hohe Emissionen bei geringen Temperaturen (siehe Bemerkungen im Kapitel über „Spar- oder Miniwatt-Röhren"). Die Durchrechnung für 2 Beispiele ergibt umstehende Zahlenwerte.

Heizt man die Röhren stark, so erhält man einen hohen Emissionsstrom, aber durch das Zerstäuben der Fäden bei hohen Temperaturen wird die Lebensdauer sehr herabgesetzt. Steigert

---

[1]) Erdalkalimetalle.

Wolframfaden:		Oxydfaden:	
T	J_s	T	J_s
Kelvingrade	m A für 1 cm²	Kelvingrade	m A für 1 cm²
2000	4,2	900	0,06
2100	15,1	1000	0,79
2200	48,3	1100	6,56
2300	137,7	1200	37,6
2400	364,8	1300	163,3
2500	891	1400	588
2600	2044		
2800	Schmelzpunkt		

(Die Werte 2300–2600 sind mit der Klammer „Heiztemperaturen der Praxis" bezeichnet.)

man den Strom nur um 1% seines Wertes, so wird die Emission um
20% größer, aber die Lebensdauer sinkt auf $^1/_3$ ihres Wertes bei
normaler Heizung. Einer Stromänderung von 3% entspricht
eine Spannungsschwankung an den Enden des Fadens von 5%
(glühende Metalle folgen nicht genau dem Ohmschen Gesetze
wegen Abhängigkeit des spezifischen Widerstandes von der
Temperatur); es ist also besser auf Konstanthalten der Heizspannung zu achten, wenn man die Röhren nicht überlasten will.
Versuche ergaben für Wolframfäden folgende Werte, wenn man
eine Lebensdauer von 2000 Brennstunden fordert:

Draht-durchmesser mm	Heiz-temperatur Kelvingrade	Emissionsstrom für 1 cm Fadenlänge m A	Heizleistung für 1 cm Fadenlänge Nh/cm
0,12	2475	30	3,1
0,17	2500	50	4,6
0,24	2550	100	7,2
0,34	2575	200	11,3

Wir hatten als Bedingung gesetzt, daß die Anodenspannung,
d. h. auch das Feld in der Röhre und besonders in der Nähe des
Fadens, stark genug ist, um irgend-
welche störende Nebenerscheinungen nicht aufkommen zu lassen.
Messen wir nämlich den Anodenstrom bei geringen Anodenspannungen, so finden wir, daß er er-
heblich kleiner ist als der Sättigungsstrom. Langumir fand eine
Erklärung dieser seltsamen Erscheinung durch folgende Überlegung.

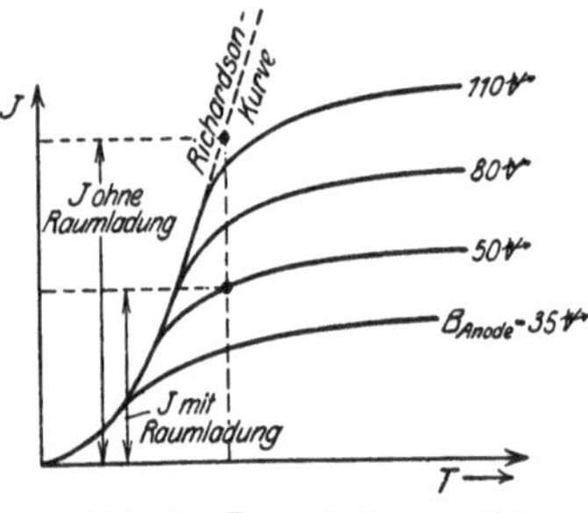

Abb. 5. Raumladungseffekt.

Die Elektronen treten durch die Erhitzung der Glühkathode nur mit sehr geringer Geschwindigkeit aus dem Glühdraht aus. Ist nun das Anodenfeld in der Nähe der Kathode sehr schwach, so setzen sich die Elektronen sehr langsam in Bewegung zur Anode, bleiben also in der Nähe der Glühkathode wie ein dichter Nebel liegen. Sie erfüllen den Raum mit ihrer negativen Ladung und verhindern viele Elektronen überhaupt am Austritt aus dem Heizfaden, da sie ja gleiche Ladung haben und sich gegenseitig abstoßen. Es stellt sich ein Gleichgewichtszustand her zwischen nach der Anode abwandernden Elektronen und mühsam aus dem Heizfaden austretenden Elektronen, die gegen ihre Vorgänger ankämpfen müssen. Werden sie hierin nicht durch eine genügend starke Anodenspannung unterstützt, so setzt dieser Raumladungseffekt sehr den Emissionsstrom herab.

Berechnung des Raumladungseffekts für ein Beispiel:

Raumladungsstrom bei Zylinderanode.

Abb. 6. Elektrodenanordnung.

Benutzte Gesetze:

1. Gleichung für Kraftlinienfluß:

$\operatorname{div} \mathfrak{E} = -4\pi\varrho$; ϱ = Elektronendichte;

$\mathfrak{E} = \operatorname{grad} \Phi$; $\mathfrak{E}$ = Feldstärke;

$\operatorname{div} \operatorname{grad} \Phi = -4\pi\varrho$; Φ = Potentialdifferenz.

2. Gleichung des Arbeitssatzes:

$e \cdot \Phi = \frac{m \cdot v^2}{2}$; m = Masse;

v = Geschwindigkeit; e = Ladung eines Elektrons.

3. Gleichung für die Kontinuität des Stroms:

$$J = -F \cdot \varrho \cdot v.$$

Voraussetzungen:

1. Feld am Faden = 0.
2. Austrittsgeschwindigkeit des Elektronen: $v_0 = 0$. (In Wirklichkeit $\sim$ 0,3 V.)
3. Glühfaden gibt beliebig viel Elektronen: $\varrho_0 = 0$.

(Das gilt in Wirklichkeit am Rande der Richardsonsche Parabel nicht.)

$$\frac{d^2\varphi}{dr^2} + \frac{1}{r}\frac{d\varphi}{dr} = -4\pi\varrho\,; \qquad \frac{mv^2}{2} = e \cdot \Phi$$

$$J = -2\pi r l \varrho v$$

Grenzbedingung: für $r = 0: \Phi = 0$; $\mathfrak{E} = 0$.

$$\frac{d^2\varphi}{dr^2} + \frac{1}{r}\frac{d\varphi}{dr} = \frac{2\pi J}{2\pi r l \sqrt{\frac{2e\Phi}{m}}}$$

$$n\,(n-1)\,C\cdot r^{\,n-2}+\frac{1}{r}\,n\,C\,r^{\,n-1}\;\frac{2\,J}{l\,\sqrt{\dfrac{2\,e}{m}}}\,C\,r^{-\frac{1}{2}\;\frac{n}{2}}$$

$$n=\frac{2}{3}$$

$$\Phi=C\cdot r^{2/3}$$

$$C^{3/2}=\frac{9}{2}\;\frac{J}{l\,\sqrt{\dfrac{2\,e}{m}}}$$

Grenzbedingung: für $r=a:\Phi=E_a=$ Anodenspannung

$$C^{3/2}=\frac{E_a{}^{3/2}}{a}$$

$$J=\frac{2\,l}{9}\cdot\frac{E_a{}^{3/2}\,\sqrt{\dfrac{2\,e}{m}}}{a}$$

Die Konstanten werden entweder errechnet oder durch Versuch bestimmt. Es ergibt sich:

Zylinderanordnung: $J_R=14{,}65\cdot 10^{-6}\cdot\dfrac{l\,cm}{a\,cm}\,E_a{}^{3/2}$

$l=$ Länge des Anodenzylinders; $E_a=$ Anodenspannung;
$a=$ Radius des Anodenzylinders.

Haben wir eine Plattenanode, so ergibt sich:

Plattenanordnung: $J_R=2{,}33\cdot 10^{-6}\dfrac{F\,cm^2}{a^2\,cm^2}\cdot E_a{}^{3/2}$

$F=$ Anodenfläche
$a=$ Abstand Anode-Kathode

Wir erhalten also im allgemeinen für eine beliebige Anodenform die Beziehung für den Raumladungsstrom:

$$J_r=k\cdot E_a{}^{3/2}\quad\text{(Langumir)}$$

worin k ein experimentell zu bestimmender Faktor ist. Solange also die Anodenspannung verhältnismäßig klein ist, bleibt der Elektronenstrom immer unter dem Wert, den man ohne Raumladungswirkung als Sättigungsstrom aus dem Faden herausholen könnte. Wir haben also folgendes Bild:

Anodenspannung klein: Raumladungsstrom J_r;

Anodenspannung groß: Sättigungsstrom J_s;

Anodenspannung sehr groß: Sättigungsstrom J_s[1]).

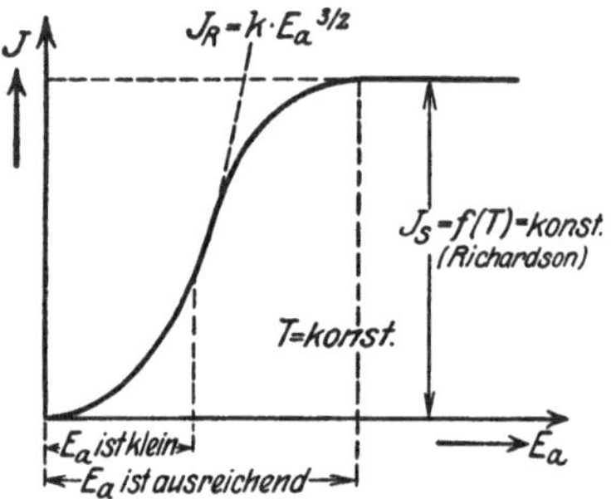

Abb. 7. Sättigungsstrom.

---

[1]) Auch beliebig starke Felder steigern nicht mehr den Elektronenstrom über den Sättigungsstrom, der Ergiebigkeit des Heizfadens an Elektronen.

b) Die Gleichrichter.

Nachdem wir in den vorangehenden Kapiteln uns nur mit der grauen Theorie beschäftigt haben, wollen wir nun auch einmal die Praxis zu Worte kommen lassen und uns fragen: wie können wir aus der rein physikalischen Anordnung, deren Eigenschaften wir besprochen haben, ein praktisch ausnutzbares Gerät machen; das irgendwelchen Anforderungen der Technik genügt.

Wir haben ein hochevakuiertes Gefäß, in dem von einer Glühkathode aus ein Elektronenstrom nach einer unter Spannung stehenden Elektrode fließt. Es liegt auf der Hand, daß diese Anordnung eine i d e a l e G l e i c h r i c h t u n g ermöglicht. Der Strom kann ja nur vom Glühfaden zur Anode fließen, da die Elektronen, die aus dem Faden austreten, einem gerichteten Felde (Vektorfeld) unterworfen sind, sich nur in einer Richtung bewegen (Stromrichtungsbezeichnung und Elektronenflugrichtung beachten). Diese Anwendungsmöglichkeit hat in der Tat Eintritt in die Praxis gefunden. Ein solcher Gleichrichter formt Wechselstrom in Gleichstrom um; bei geeigneter Schaltung gibt er sogar Ausnutzung beider Stromhälften.

Bei der Konstruktion eines Gleichrichters ist natürlich zu berücksichtigen, daß man bei großen Umformungsenergien einen möglichst starken Strom durch die Röhre hindurch bekommen muß. Man macht also die Glühkathode möglichst groß und wählt ein Material, daß recht viel Elektronen hergibt. Trotz alledem ersehen wir aus den oben genannten Gleichungen und Zahlen-

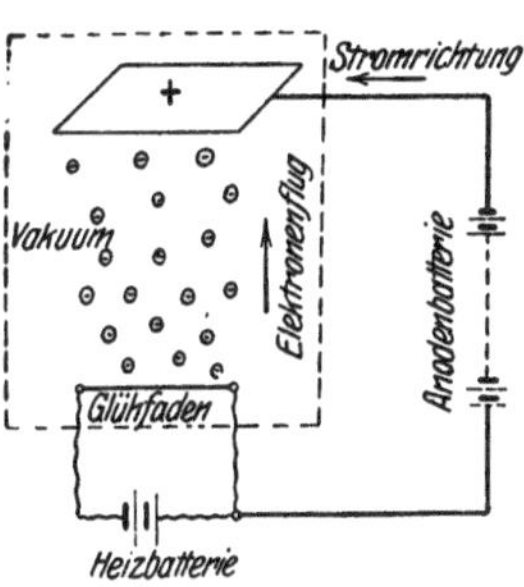

Abb. 8. Stromrichtung und Elektronenflug.

angaben, daß es große Schwierigkeiten bereiten würde, diesen Elektronenstrom auf beliebige Werte zu steigern. Es kommt also der Glühkathodengleichrichter nur für sehr hohe Spannungen in Frage, denn hier erhalten wir auch bei kleinen Strömen große Leistungen. Dort wird der Apparat eine sehr große Zukunft haben. Bekanntlich kann man bei Wechselstromhochspannungsüberlandleitungen wegen der Leitungsladeströme nicht über eine Spannung von $\sim 500\,000\,V$ hinausgehen, wenn man noch ökonomisch arbeiten will. Die Überlandzentrale der Zukunft wird wahrscheinlich mit sehr hochgespanntem Gleichstrom arbeiten, für dessen Erzeugung Glühkathodengleichrichter oder, wie sie in Amerika heißen, Kenotrone in Frage kommen.

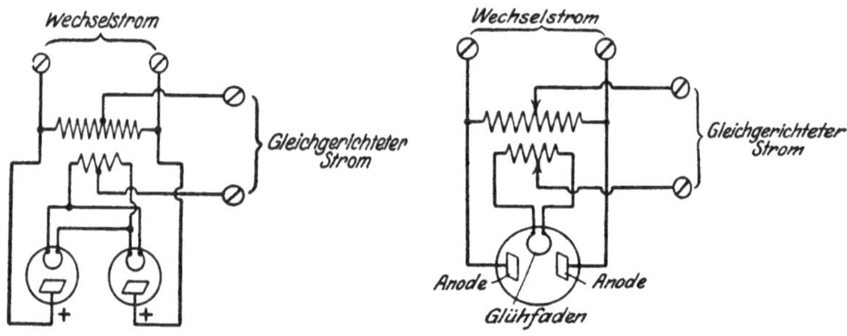

Abb. 9. Vollweggleichrichter.   Abb. 10. Vollweggleichrichter
mit einer Röhre.

Ausführungsbeispiel eines Kenotrons (Dushman, S.: G. E. Review, März 1915):

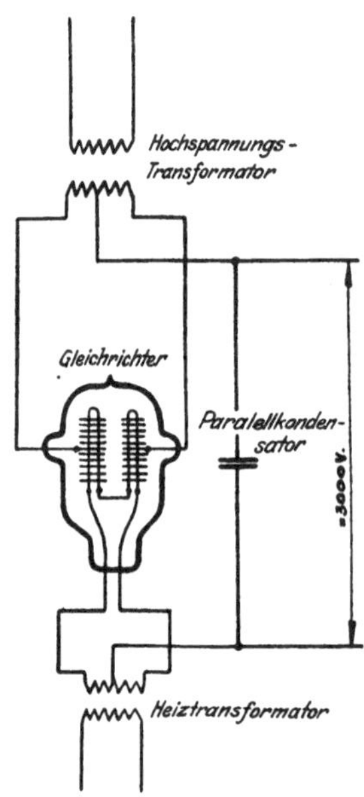

Abb. 11. Schaltung des Gleichrichters der Radio-röhrenfabrik G. m. b. H. Hamburg.

Zylinderanode: $l = 7{,}62$ cm; $r = 1{,}27$ cm.
Glühkathode: Wolframfaden $\varnothing = 0{,}01$ Zoll.
Heiztemperatur: 2550 Kelvingrade.
Elektronenstrom: 0,4 A.
Gleichgerichtete Energie: 15 000 $V \cdot 0{,}4\, A$
$= 6$ kW.
Wirkungsgrad: 97,8%.

Es werden schon jetzt Kenotrons mit viel höheren Leistungen ausgeführt.

Zu den Glühkathodengleichrichtern gehört auch noch der Tungargleichrichter, der von G. S. Meikle (G. E. Review 1915) entworfen ist. Er weicht insofern vom Kenotron ab, als er nicht ein hochevakuiertes Glasgefäß besitzt, sondern die Elektronenemission in einer Atmosphäre von Argongas unter 3 ∶ 8 cm Druck vor sich geht. Die Gasfüllung neutralisiert durch den Ionisationseffekt vollkommen die Raumladungswirkung und setzt den inneren Widerstand des Rohrs stark herab. Man kann so starke Ströme gleichrichten. Das Kenotron war ein Hochspannungsgleichrichter, der Tungar ist ein Starkstromgleichrichter. Eine Schaltung zur Ausnutzung beider Stromhälften des gleichzurichtenden Wechselstroms, Vollweggleichrichter, die natürlich für jeden Glühkathodengleichrichter gilt, ist in Abb. 11 gegeben.

Die folgende Abbildung zeigt eine Vereinfachung der Schaltung durch Reduzierung auf eine Röhre mit Doppelanode. Diese Voll-

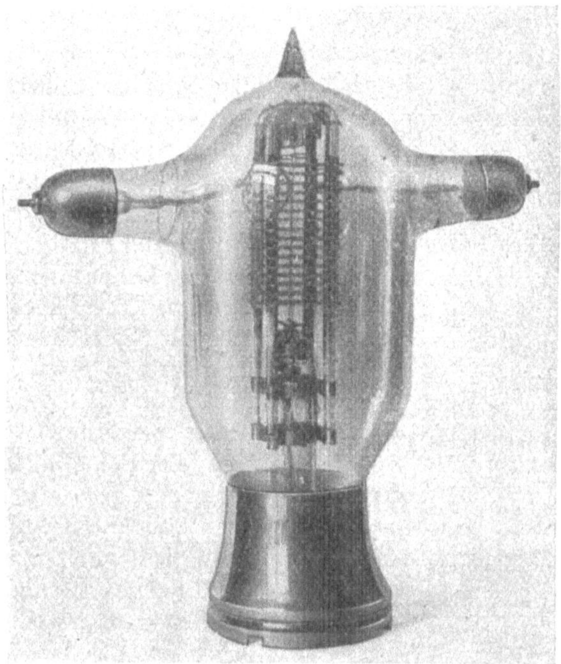

Abb. 12. Gleichrichterröhre.

weggleichrichter haben besonders als Glühkathodengleichrichter in der Rundfunksendetechnik ein großes Anwendungsgebiet gefunden; sie dienen hier zur Erzeugung der Anodengleichspannung aus hochgespanntem Wechselstrom. Die Ausführung eines solchen Gleichrichters zeigen in Schaltung und Photographie Abb. 11 und 12 (Radioröhrenfabrik G. m. b. H., Hamburg 15). Der Gleichrichter gibt einen Hochspannungsgleichstrom von 0,3 A. Durch den Anprall der Elektronen auf die Anode erhitzt sich das Anodenblech stark, im normalen Gebrauch bis auf Kirschrotglut. Um diese beträchtlichen Wärmemengen besser abzuleiten, ist die Anode aus einzelnen Ringen zusammengesetzt.

III. Die Röhre mit einer Steuerelektrode.
a) Die Eingitterröhre.

In dem Kenotron hatten wir einen Apparat kennengelernt, der uns erlaubt, Elektronenströme von beliebiger Stärke, wenigstens in bestimmten Grenzen, zu erzeugen. Der Grundgedanke, der dem Elektronenrelais zu seinem Siegeslauf verholfen hat, ist nun, wie oben schon angedeutet, der folgende. Es muß sehr einfach und sehr ökonomisch sein, den leichtbeweglichen und fast trägheitslosen Elektronenstrom zu steuern, d. h. ihn durch äußere Eingriffe zu variieren. Diese Steuerung gerade am Elektronenstrom vorzunehmen hat folgende Vorteile: sie erfordert fast keinen Arbeitsaufwand, da die leichtbeweglichen Elektronen schon auf die schwächsten Felder reagieren, und sie ist momentan, da wir von der elektrischen Trägheit bei der Kleinheit der Röhrendimensionen absehen können. Wir stellen also in den Weg der Elektronen einen Körper, ein Steuerungsorgan, der bei negativer Ladung den Lauf der Elektronen zur Anode abbremst, bei positiver beschleunigt. Die Beeinflussung ist sehr ökonomisch, daß die Aufladung des Steuerorgans bei geeigneter Einstellung fast keinen Aufwand erfordert, und man trotzdem große Änderungen im Elektronenfluß erzeugen kann. Das Steuerorgan ist meistens ein spiralförmiges Gitter oder Rost, das im neutralen Zustande durch seine großen Öffnungen leicht die Elektronen zur Anodenplatte hindurchläßt. Ist das Gitter aber negativ geladen, so stößt es die gleichfalls negativen Elektronen zum Heizfaden zurück und unterbricht mehr oder weniger

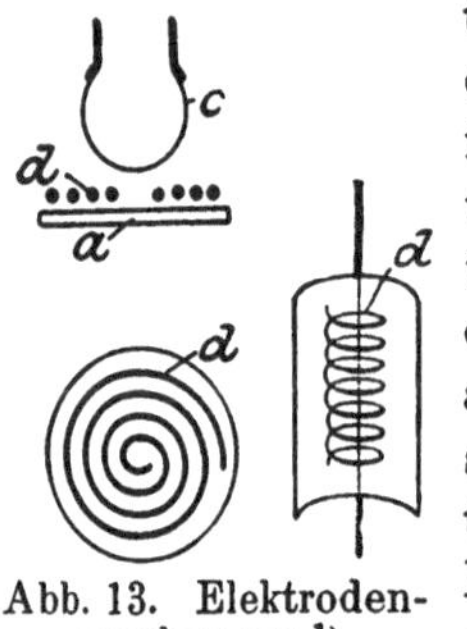

Abb. 13. Elektrodenanordnungen[1)]
d = Gitter.

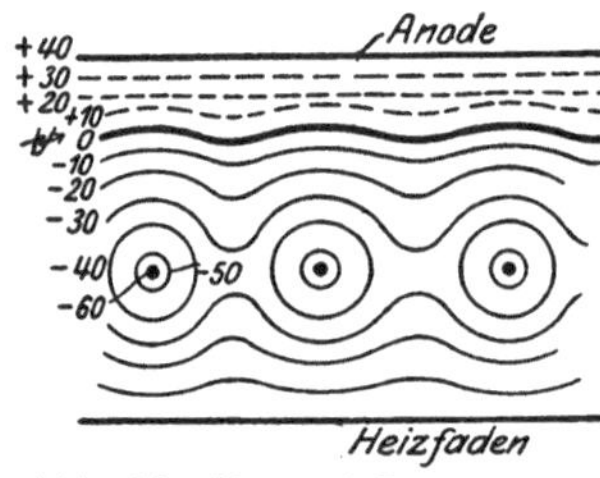

Abb. 14. Potentialverteilung in der Röhre.

[1)] Die Abb. 13, 22, 65 u. 99—101 sind entnommen aus: Nesper, E.: Hdb. d. drahtl. Telegraphie und Telephonie. Berlin: Julius Springer 1921.

den Anodenstrom. Ist es positiv geladen, so unterstützt es die Anode in der Heranziehung der Elektronen und in der Überwindung der Raumladung, vergrößert also den Anodenstrom. Den Einfluß des Gitters auf das Feld in der Röhre zeigen die Abb. 14—18 (Potentialbilder).

Betrachten wir die Anode und die Glühkathode als einen Vakuumkondensator mit der Ladespannung E_a und der Kapazität

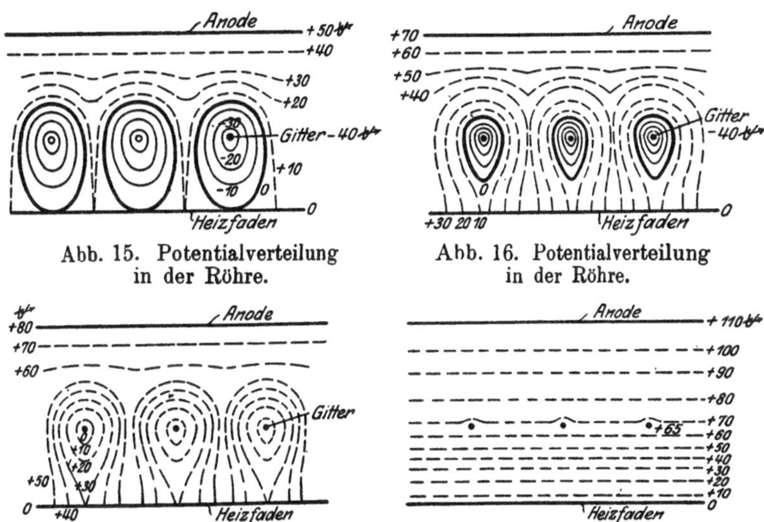

Abb. 15. Potentialverteilung in der Röhre.

Abb. 16. Potentialverteilung in der Röhre.

Abb. 17. Potentialverteilung in der Röhre.

Abb. 18. Potentialverteilung in der Röhre.

C_A, und ebenso das Steuergitter und die Glühkathode als einen Kondensator mit der Gitterspannung E_g und der Aufnahmefähigkeit C_G, so bestehen folgende Beziehungen:

Elektrizitätsmenge = Spannung · Kapazität

also
$$Q_A = E_a \cdot C_A; \qquad Q_G = E_g \cdot C_G.$$

In diesem fiktiven Doppelkondensator würde also auf der einen gemeinsamen Belegung, der Glühkathode, die Elektrizitätsmenge:

$$Q = Q_A + Q_G$$

angesammelt werden. Ich setze ein und forme um:

$$Q = E_a C_A + E_g C_G = C_G \left(E_g + \frac{C_A}{C_G} \cdot E_a \right).$$

Es war allgemein: $Q = C \cdot E$.

Die Summe der Spannungen, die in unserem Schachtelkondensator auf die Glühkathode wirken, ist also:

$$E_\Sigma = E_{st} = E_g + \frac{C_A}{C_G} E_A.$$

Es wäre also E_{st} die am Gitter wirkende Steuerspannung. Danach beeinflussen die Elektronenemission das Potential des Gitters und ein Teil des Anodenpotentials, nämlich $\frac{C_A}{C_G} E_A$. Den Faktor $\frac{C_A}{C_G}$ nennen wir den D u r c h g r i f f D. Der Durchgriff D gibt an, in welchem Verhältnis der Einfluß der Anode zu dem Einfluß des Gitters auf den Glühfaden steht. Nur $D\%$ von der Anodenspannung beeinflussen durch das Gitter hindurchgreifend die Elektronenemission. Um den Begriff anschaulicher zu machen, seien einige Werte angegeben:

	D
Senderöhren	$2 \div 6$ %
Telefunken RE 16	10 %
Telefunken EVE 173	8 %
Seddig, Würzburg	11 %
Radiotron UV 201 der Gen. El. Co.	6,8%
Drahttelephonie 208 A der Western El. Co.	17 %
Drahttelephonie 209 A der Western El. Co.	3,5%
Verstärkerrohr für Drahttelephonie SSH. BF	7 %

Bei der Konstruktion von Röhren hat man es in der Hand, den Durchgriff beliebig groß zu machen. Gitter mit kleinen Öffnungen und großer Anodenabstand ergeben einen kleinen Durchgriff.

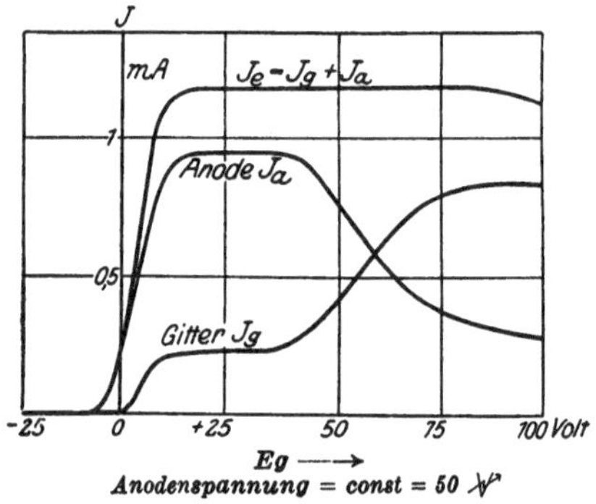

Abb. 19. Verhältnis von Anoden- und Gitterstrom.

Der Elektronenemissionsstrom zerfällt durch die Einführung des Gitters in 2 Teile: dem Strom J_g, der zum Gitter fließt, und dem Strome J_a, der wie früher zur Anode fließt. Also $J_\Sigma = J_a + J_g$.

In den meisten Fällen wird aber das Gitter so weit negativ gehalten, daß es alle Elektronen von sich abstößt, so daß $J_g = 0$ ist. Die Langmuirsche Formel für den Raumladungsstrom nimmt die Form an:

$$J_R = k (E_G + D \cdot E_A)^{3/2}.$$

b) Die Verstärkerwirkung.

In dem Kapitel II, a) hatten wir zwei wichtige Diagramme gezeichnet und diskutiert:

1. **Anodenstrom in Abhängigkeit von der Heizfadentemperatur.**

$$J_S = f(T) = A \cdot \sqrt{T} \cdot e^{-\frac{b}{T}} \quad \text{(Sättigungsstrom).}$$

Die **Anodenspannung** wird **konstant** gehalten und ist so groß, daß Raumladungswirkung überwunden wird.

2. **Anodenstrom in Abhängigkeit von der Anodenspannung.** $J_R = k \cdot E_a^{3/2}$ (Raumladungsstrom).

Die **Heiztemperatur** wird **konstant** gehalten, und zwar auf dem Gebrauchswert, der ein Kompromiß darstellt zwischen größter Elektronenemission und größter Lebensdauer. (891 $\frac{\text{m} \mathcal{A}}{\text{cm}^2}$; 2000 Brennstunden.)

In diesen beiden Diagrammdarstellungen spielt das Gitter gar keine Rolle, es ist auch als mechanisches Hindernis zu vernachlässigen. Wir kommen nun zur wichtigsten Darstellung der Röhrenverhältnisse, der sogenannten **Kennlinie oder Charakteristik.** Sie wird bei einer genügend hohen und konstanten Heiztemperatur und Anodenspannung aufgenommen, so daß der normale Sättigungsstrom erreicht werden kann, und gibt die Abhängigkeit des Anodenstroms von der Gitterspannung an. Wir hatten ja gefunden, daß ein genügend negatives Gitter den Elektronenstrom vollkommen abriegeln kann und jeder höheren Gitterladung also ein bestimmter Stromdurchlaß entspricht. Dieser Zusammenhang wird durch die Kennlinie dargestellt. Wir erhalten also:

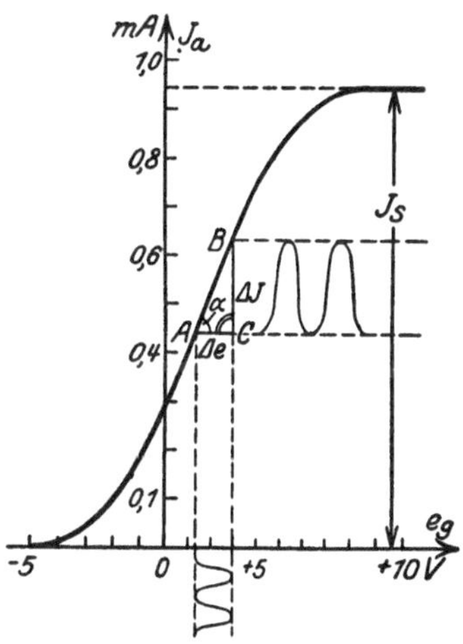

Abb. 20. Schematische Kennlinie.

3. **Anodenstrom in Abhängigkeit von der Gitterspannung**

$$J_A = f(e_g).$$

Die **Heiztemperatur** und die **Anodenspannung** wird **konstant** gehalten.

Die Kennlinie löst sogleich die Frage: Warum kann man die Eingitterröhre als Verstärker benutzen? Betrachten wir das rechtwinklige Dreieck ABC (Abb. 20), so finden wir, daß von einer bestimmten Steilheit der Kurve an einer Änderung der Spannung am Gitter $\triangle e_g$ eine größere Änderung des Anodenstroms $\triangle J_a$ entspricht. Man braucht also nur die zu verstärkende Wechselspannung dem Gitter zuzuführen und erhält bei geeigneter Form der Kennlinie große Schwankungen im Anodenstrom. Es ist nun ohne weiteres klar, daß die Verstärkung um so besser ist, je steiler die Kurve verläuft; man definiert also:

Steilheit $=$

$$S = \frac{\triangle J_A}{\triangle e_g} = \operatorname{tg}\alpha = \frac{\overline{BC}}{\overline{AC}}\,.$$

Will man eine unverzerrte Verstärkung erhalten, so muß man sich mit den Gitterspannungen in dem geradlinigen Teil der Kennlinien halten, denn nur dann entsprechen gleichen Gitterspannungsänderungen gleiche Anodenstromänderungen. Verläßt man diesen Bereich (Abb. 20: $-1\,V \div +4\,V$), so überschreit man die Röhre, Sprache und Musik werden verzerrt.

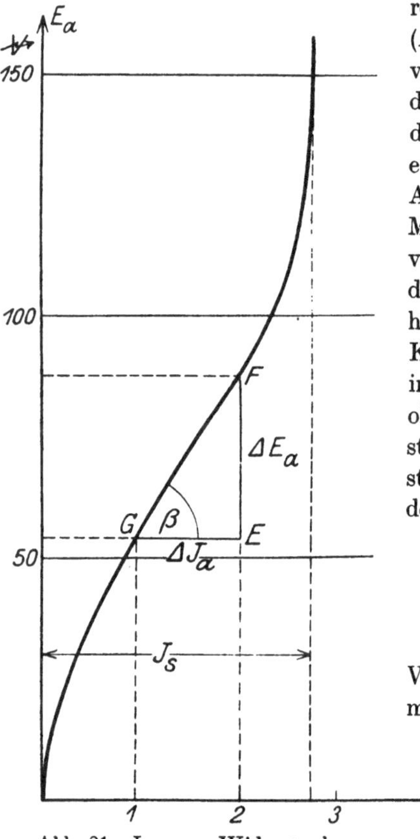

Abb. 21. Innerer Widerstand.

Zur genauen Festlegung aller Röhreneigenschaften brauchen wir noch die Definition einer dritten Größe. Halten wir die Gitterspannung konstant und steigern wir die Anodenspannung, so bekommen wir die bekannte Kurve $J_R = k \cdot E_a^{3/2}$, die dann in die Linie des Sättigungsstroms übergeht. Man übersieht dann leicht, daß die Neigung dieser Kurve in ihrem geradlinigen Teile

$$\operatorname{tg}\beta = \frac{E\,\overline{F}}{G\,E} = \frac{\triangle E_a}{\triangle J_a} = R_{\text{Röhre}} \text{ ist.} \quad (\text{R} = \text{Widerstand.})$$

Ich definiere also nach dem Ohmschen Gesetz:

$$\frac{\text{Änderung der Anodenspannung}}{\text{Änderung des Anodenstroms}} = \text{innerer Widerstand der Röhre} = R_i.$$

Natürlich ist das eine ganz willkürliche Definition, denn R_i braucht gar nicht konstant zu sein und ist es auch nur im geraden Teil der Kurve.

Bei der Aufnahme der Kennlinie hatten wir als Bedingung gesetzt, daß die Anodenspannung konstant gehalten wird. Ändere ich nun für jede Kurvenaufnahme die Anodenspannung, so erhält man eine Kurvenschar, die sich mit erhöhter Anodenspannung nach links verschiebt. Diese Kurvenschar ermöglicht eine zeichnerische Bestimmung des Durchgriffs:

Für die 1. Kennlinie sei:

$$J_R = k\,(e_g + D\,E_a)^{3/2}.$$

e_g = Gitterspannung;
D = Durchgriff;
E_a = Anodenspannung;
k = Formkonstante.

Für die 2. Kennlinie:

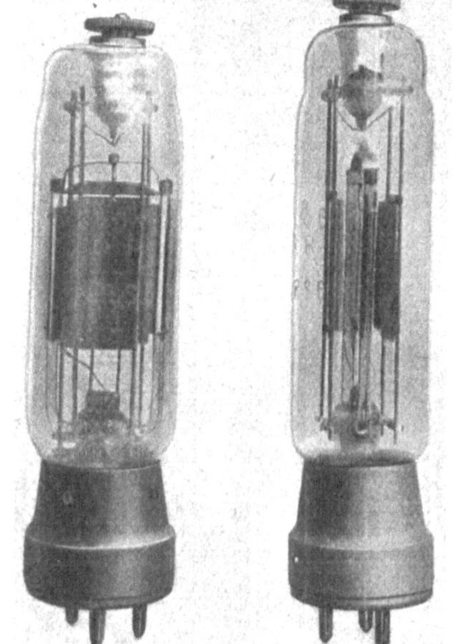

Abb. 22. Senderöhre von Telefunken.

$$J_R' = k\,[e_g' + D\,(E_a + c_a)]^{3/2}$$

c_a = Änderung der Anodenspannung zwischen den beiden Aufnahmen.

Zeichne ich für einen beliebigen Wert des Anodenstroms eine Horizontale, so treffe ich in den Kurven die Punkte:

$$J_R = J_R'.$$

Eingesetzt ergibt:

$$k\,(e_g + D\,E_a)^{3/2} = k\,[e_g' + D\,(E_a + c_a)]^{3/2}.$$

Hieraus:

$$D = \frac{e_g - e_g'}{c_a}.$$

Der Durchgriff ist also der horizontale Abstand der beiden Kurven gemessen in Volt, dividiert durch die Anodenspannungsänderung in Volt.   (Textfortsetzung S. 34.)

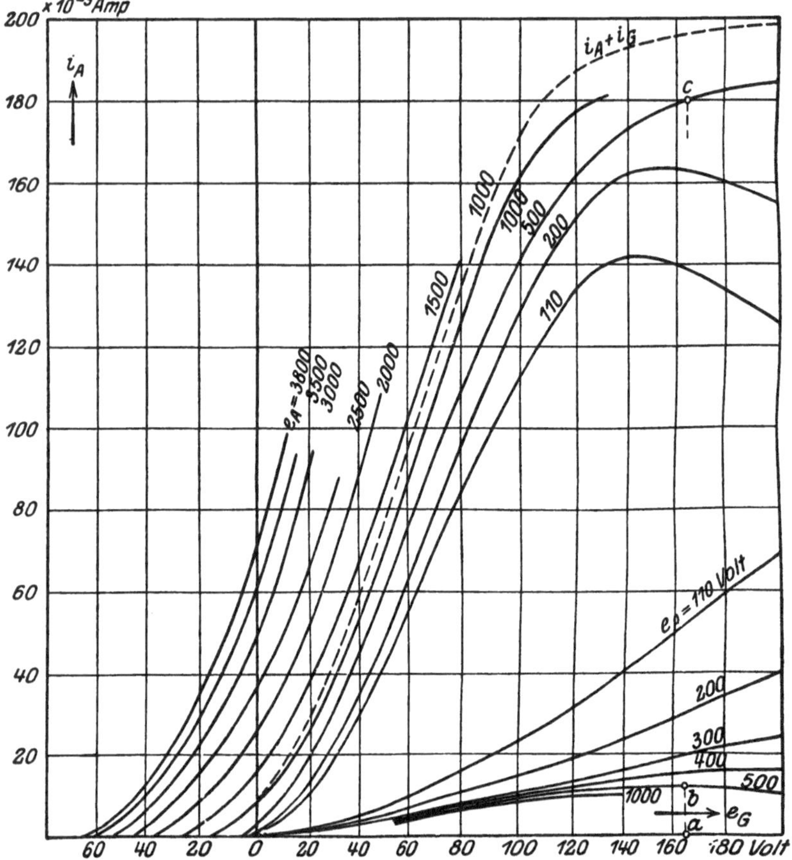

Abb. 23. Verschiebung der Kennlinien bei verschiedenen Anodenspannungen (Senderöhre[1]).

[1] Entnommen aus Rein-Wirtz, Radiotelegraph. Praktikum. Berlin: Julius Springer.

Röhrentabelle.

E. F. Huth, Berlin.

Abb. 25. Die Rundfunkröhre LEA 229 benötigt eine Heizstromstärke von 0,5—0,6 Amp., eine Heizfadenspannung von 2,4 bis 3,1 Volt, also eine Heizleistung von 1,2—1,8 Watt, eine Anodenspannung von 40—90 Volt.

Abb. 24. Huth LE 241.

Abb. 26. Die Rundfunkröhre LE 241 ist äußerlich verspiegelt; sie benötigt eine Heizstromstärke von 0,19—0,22 Amp., eine Heizfadenspannung von 2,0 bis 2,6 Volt, also eine Heizleistung von 0,4—0,6 Watt, eine Anodenspannung von 40—70 Volt.

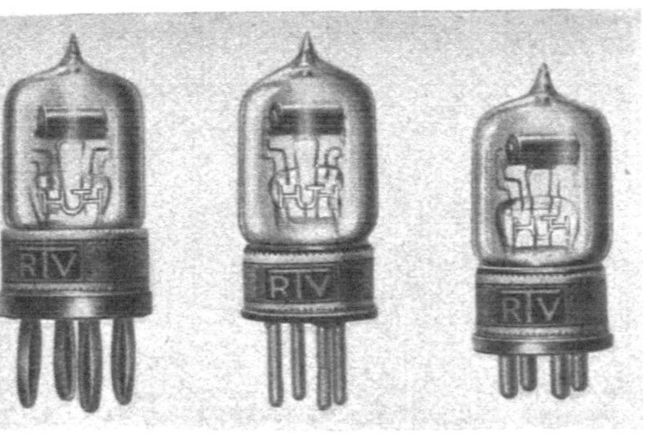

Abb. 25. Huth LE 229.

Abb. 26. Huth LE 241.

Loewe-Audion, Berlin.

Abb. 27. AR 23. Daten: Anodenspannung 50—100 Volt, Sättigungsstrom 6 MA, Durchgriff 10%, Steilheit 0,25 MA/Volt, Heizstrom 0,50—0,55 Amp., Heizspannung 3,0—3,5 Volt.

Loewe, AR 23.

Abb. 28. LA 75. Daten: Anodenspannung 50—100 Volt, Sättigungsstrom 6 MA, Durchgriff 10%, Steilheit 0,25 MA/Volt, Heizstrom 0,15—0,17 Amp., Heizspannung 2,0—2,5 Volt.

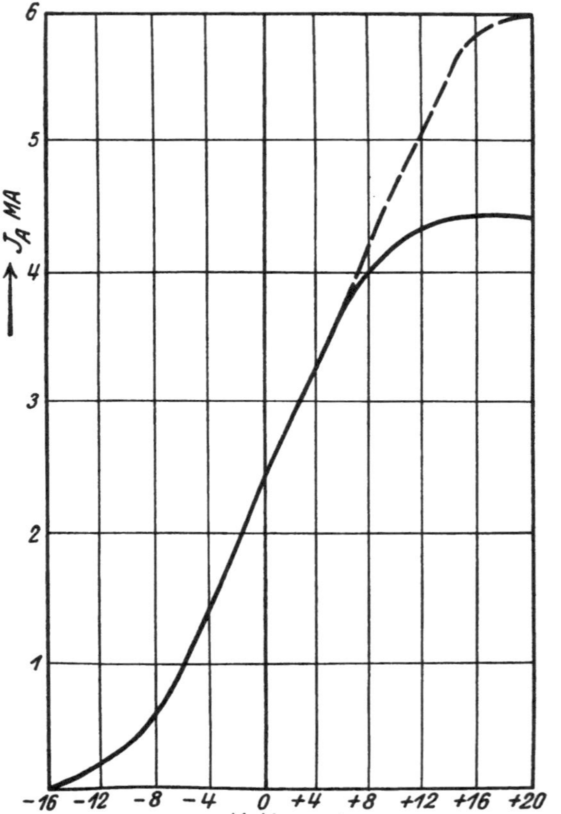

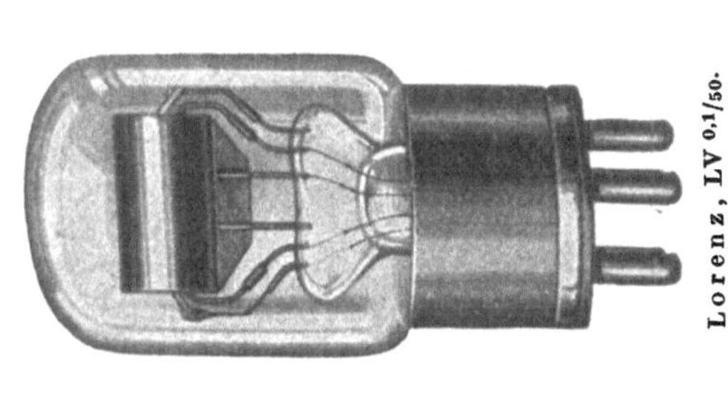

Lorenz, LV 0.1/50.
Abb. 29 und 30. Daten:
Heizspannung 2,85
Heizstrom 0,55
Steilheit . . . . 0,33 m
Durchgriff 16,8%
Innerer Widerstand . . . 18500

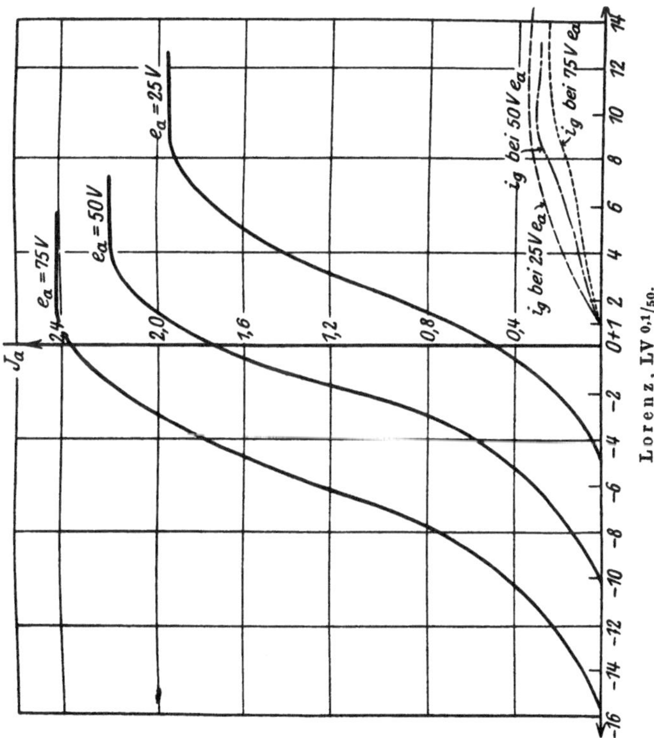

Lorenz A.-G., Berlin.
Ja
$e_a = 75V$
$e_a = 50V$
$e_a = 25V$
2,4
2,0
1,6
1,2
0,8
0,4
0+1 2 4 6 8 10 12 14
-2 -4 -6 -8 -10 -12 -14 -16
i_g bei 50V e_a
i_g bei 75V e_a
i_g bei 25V e_a
Lorenz, LV 0.1/50.

Radioröhrenfabrik G. m. b. H., Hamburg.

**Betriebsdaten
der Valvo-Empfängerröhren[1]).**

Type	Telegramm-wort	Heizstrom	Heiz-spannung	Zulässige	Normale	Durchgriff in Proz.	Steilheit in Amp./Volt	Vakuum-faktor	Innerer Widerstand in Ohm ca.
				Anodenspannung					
Valvo normal * Type A, Type B	Valvo	0,45—0,5	3—3,5	40—100	45	11	0,2	$1 \cdot 10^{-4}$	45 000
Valvo O 15 *	Valox 15	0,25—0,28	1—1,5	30—100	50	22	0,2	$1 \cdot 10^{-4}$	23 000
Valvo O 25	Valox 25	0,30—0,35	1—1,5	30—100	50	23	0,35	$1 \cdot 10^{-4}$	12 000
Valvo O 15—25	Valox 15—25	0,65—0,7	3—3,5	60—100	70	12	0,75	$1 \cdot 10^{-4}$	11 000
Valvo Ökonom*	Valvo	0,08—0,09	3—3,5	40—100	50	12	0,55	$1 \cdot 10^{-4}$	15 000
Valvo 201 A *	201 A	0,26	5—6	40—100	80	17	1,00 (!)	$1 \cdot 10^{-4}$	6 000

[1]) Von den mit * bezeichneten Röhren befinden sich die Kennlinien und Abbildungen umstehend.

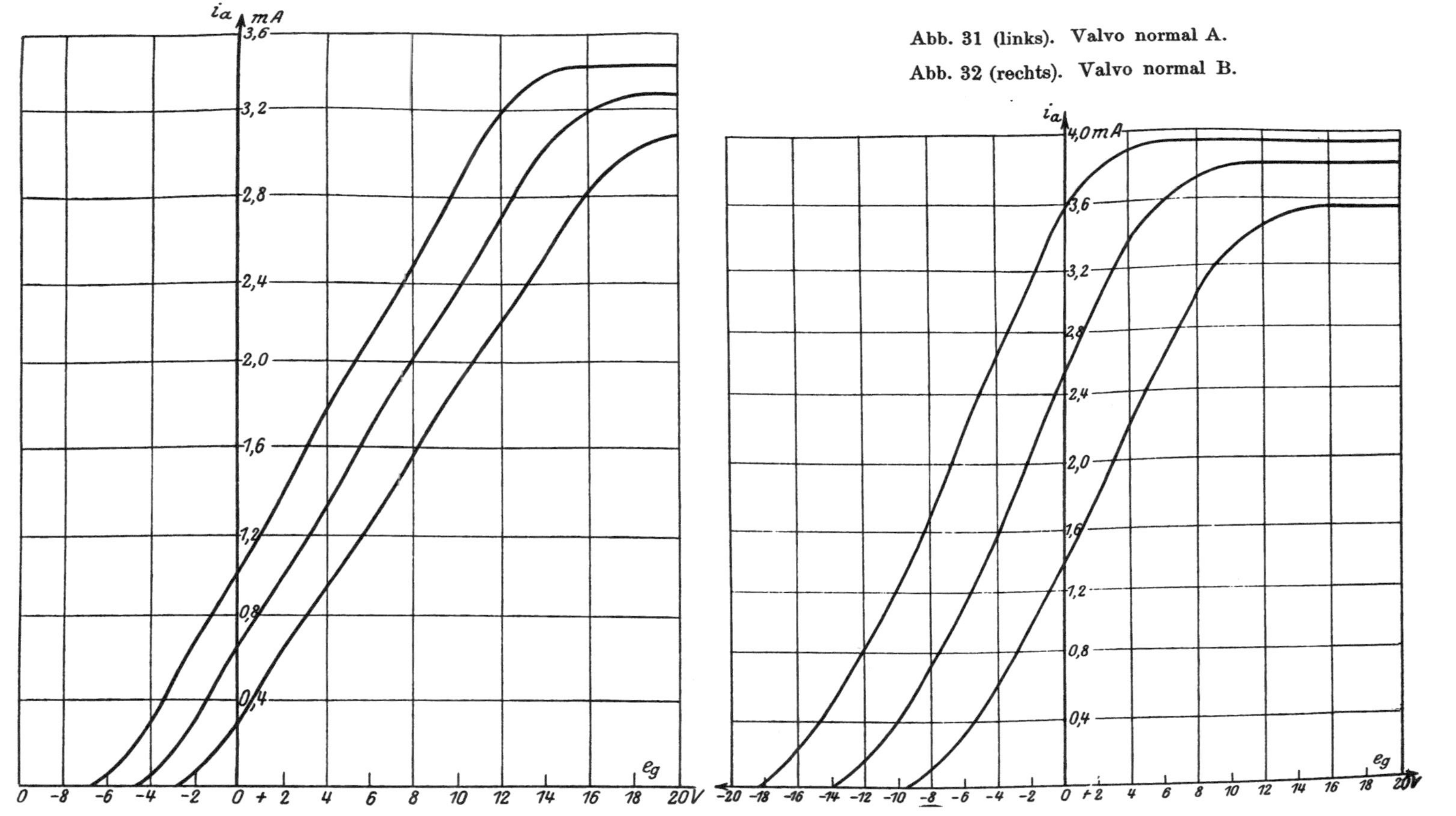

Abb. 31 (links). Valvo normal A.
Abb. 32 (rechts). Valvo normal B.

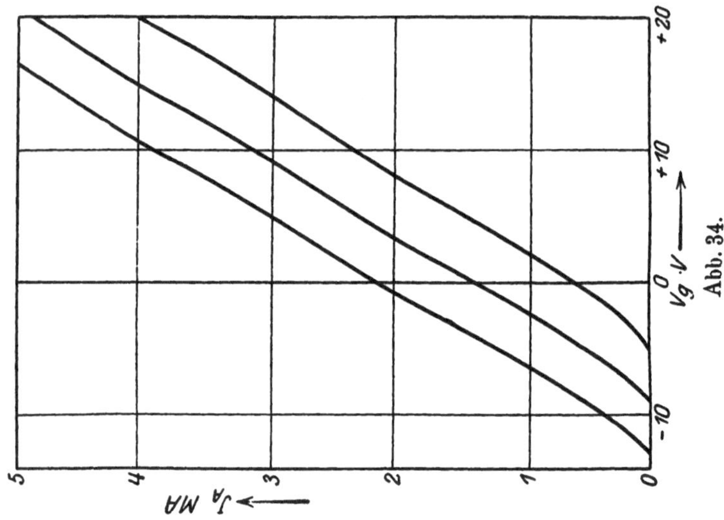

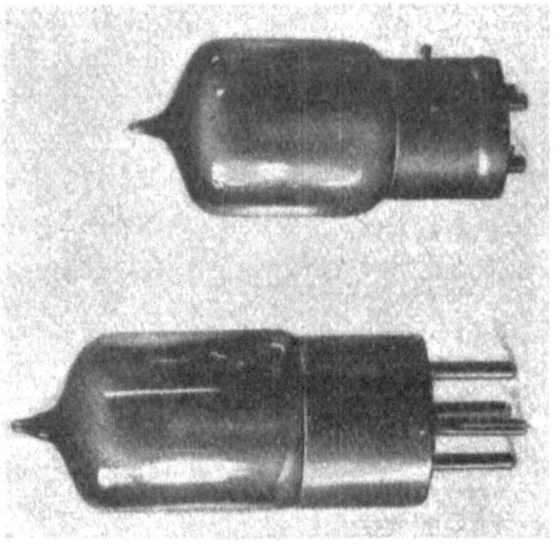

Abb. 33.

Abb. 33 und 34. Valvo-O-Röhre.

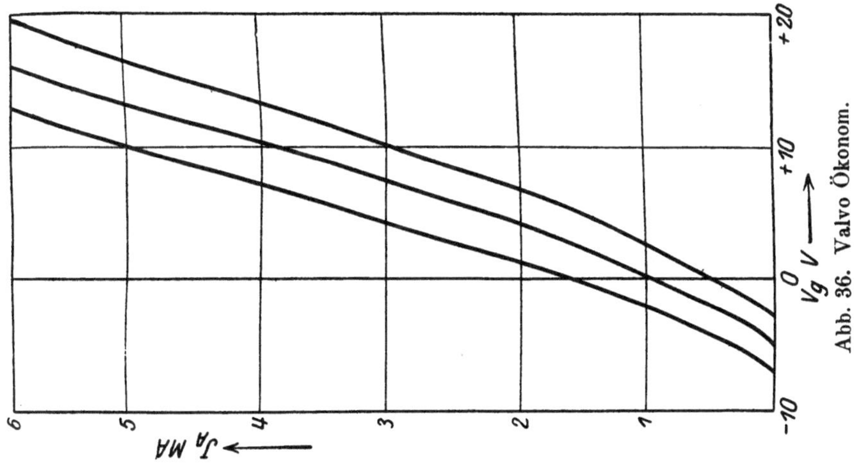

Abb. 36. Valvo Ökonom.

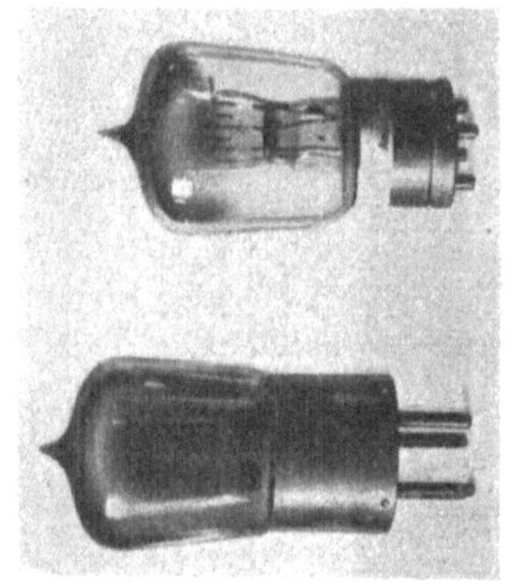
Abb. 35. Valvo Ökonom.

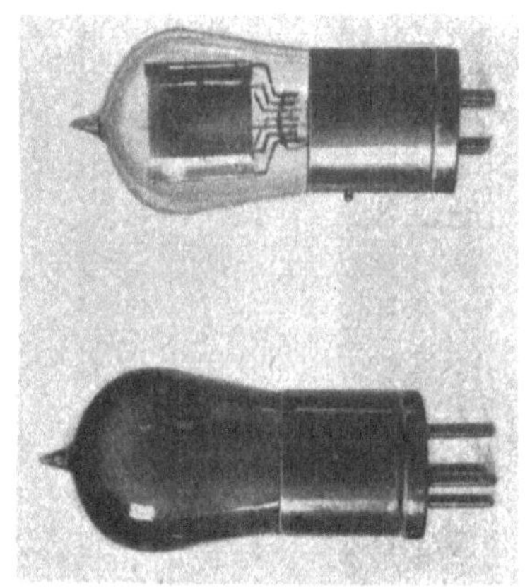
Abb. 37. Valvo Lautsprecher.

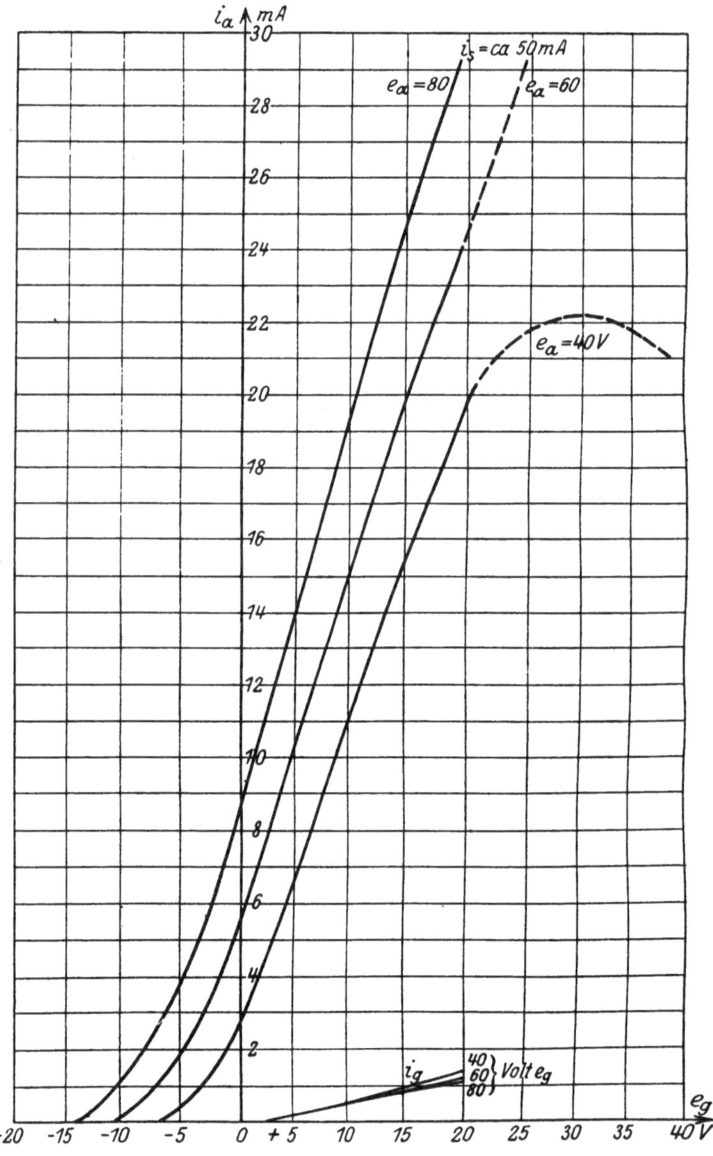

Abb. 38. Valvo Lautsprecher.

Süddeutsche Kabelwerke (TKD), Nürnberg.

Elektrische Daten der TKD Verstärker- und Detektorröhren.

Type	Telegrammwort	Heizstrom Amp. ca.	Heizspannung Volt ca.	Zulässige Anodenspannung Volt	Normale Anodenspannung Volt	Zulässige Anodenspannung Volt	Normale Anodenspannung Volt	Durchgriff in Proz. ca.	Steilheit $\cdot 10^{-4}$ $\dfrac{\text{Amp.}}{\text{Volt}}$ ca.	Innerer Widerstand in Ohm ca.	Kathodenausführung
				Als Verstärker oder Audion		Als Detektor (Gleichrichter)					
VT16	Rach	0,52	3,5	20—60	45	—	—	27,5	2,25	16 000	Wolframkathode
VT17	Ragz	0,52	3,5	60—120	90	30—50	35	13,5	2,65	28 000	Wolframkathode
VT100	Rall	0,25	1,8	60—120	90	30—50	35	9	2,5	40 000	Oxydkathode
VT103	Rayn	0,25	1,8	40—80	60	20—30	25	16	1,5	41 000	Oxydkathode

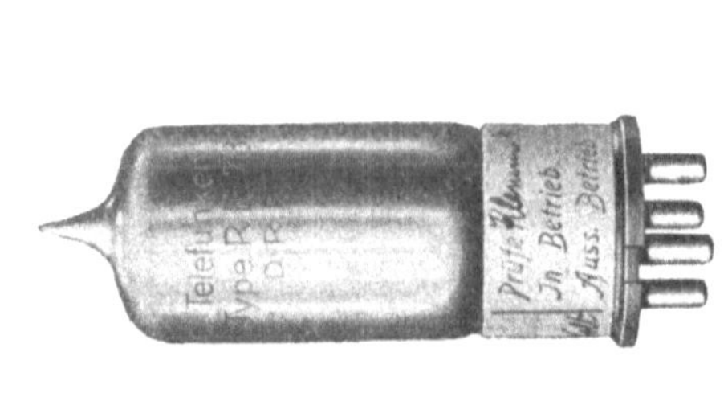

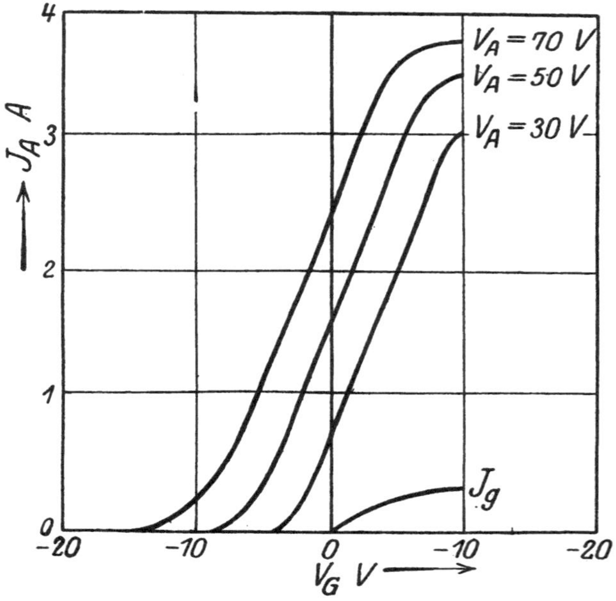

Telefunken RE 78/79.

Abb. 40. Anodenspannung 50—70 Volt, Heizspannung ca. 2,5 Volt, Heizstrom ca. 0,07 Amp., Emission 5,0 Milliamp., Gewicht 35 g, Gasamthöhe 90 mm, Kolbendurchmesser 35 mm.

Telefunken, Berlin.

Abb. 39. Telefunken RE 78/79 und RE 83/89.

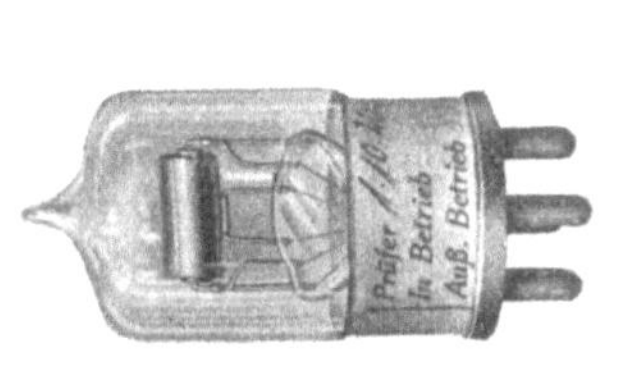

Abb. 42. Telefunken RE 11.

Abb. 41. Die Daten sind: Anodenspannung 50 bis 100 Volt, Heizspannung ca. 2,5 Volt, Heizstrom ca. 0,2 Amp., Emission 10 Milliamp., Gewicht 35 g, Gesamthöhe 90 mm, Kolbendurchmesser 35 mm.

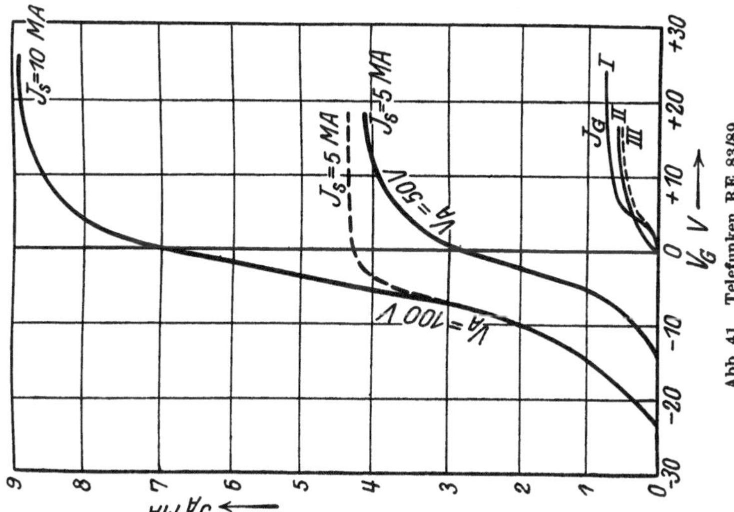

Abb 41. Telefunken RE 83/89.

Dieses Ergebnis läßt eine neue Definition des Durchgriffs zu.
$e_g - e'_g$ war die Änderung der Gitterspannung Δe_g. c_a war die
Änderung der Anodenspannung, also:

$$D = \frac{\Delta e_g}{\Delta e_a}.$$

Zusammenstellung:

$$D = \frac{c_a}{c_g} = \frac{\Delta e_g}{\Delta e_a}$$

$$S = \frac{\Delta J_a}{\Delta e_g}$$

$$R_i = \frac{\Delta E_a}{\Delta J_a}.$$

Also:

$$R_i = \frac{1}{DS}\,; \qquad D \cdot S \cdot R_i = 1.$$

Durchschnittsgrößenordnungen:

    a) Durchgriff: $0{,}005 \div 0{,}20$

    b) Steilheit: $\sim 1 \cdot 10^{-4} \frac{1}{\Omega}$

    c) innerer Widerstand:

        1. Anode $\div$ Kathode $= R_i : \sim 10^5\, \Omega$

        2. Gitter $\div$ Kathode $= R_G : \sim 10^7\, \Omega$

Mathematische Behandlung der Röhre als Verstärker:

Es ist der Gitterstrom: $i = f(e_g;\ E_a)$

und der Anodenstrom: $J = \varphi(e_g;\ E_a) = k(e_g + DE_a)^{3}/_{2}$.

Ändere ich um einen kleinen Betrag die Gitterspannung, so
ändert sich der Gitterstrom und auch der Anodenstrom und damit
bei Belastung des Anodenaußenkreises auch die Anodenspannung:

$$di = \frac{\partial f}{\partial e_g}\, de_g + \frac{\partial f}{\partial E_a}\, dE_a$$

$$dJ = \frac{\partial \varphi}{\partial e_g}\, de_g + \frac{\partial \varphi}{\partial E_a} \cdot dE_a.$$

Bei den üblichen Verstärkern wird die Gitterspannung so weit
negativ gehalten, daß der Gitterstrom gleich 0 wird. (Steuer-
energieverbrauch ist dann auch praktisch gleich 0.)

Ich nenne:

$$\frac{\partial \varphi}{\partial e_g} = \frac{\Delta J_a}{\Delta e_g} = S\left(\frac{m\, A}{V} = m \text{ Siemens}\right).$$

Es ist nun aus Symmetriegründen:

$$\frac{\partial \varphi}{\partial e_g} = \frac{\partial \varphi}{\partial (D E_a)} = \frac{\partial \varphi}{D \partial E_a}$$

somit: $\qquad dJ = S \cdot d e_g + D S d e_a.$

Betrachte ich die Röhre von der Anodenseite, so wirkt sie wie ein Wechselstromgenerator mit der Klemmenspannung: $-d E_a$:

$$- d E_a = \underbrace{\frac{1}{D} d e_g - \frac{1}{D S} d J}_{E M K}$$

$$\frac{1}{D S} d J = R_i d J = \text{Spannungsabfall}$$

durch inneren Widerstand.

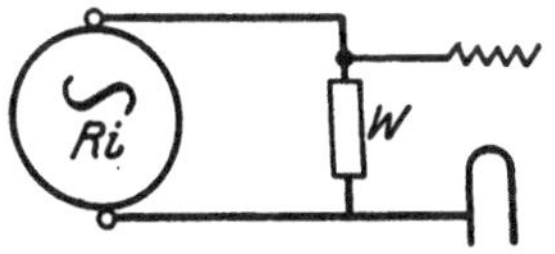

Abb. 43. Energieübergang.

Die Leistung eines Generators wird zum Maximum, wenn der innere Widerstand gleich dem äußeren Belastungswiderstand ist.

$$R_i = R_a: \quad N_{\max} = \frac{E^2}{4 \cdot R_i}; \quad E = \frac{1}{D} \cdot d e_g$$

$$N_{\max} = \frac{d_{e_g}^2}{4 D^2 \cdot R_i} = \frac{S d_{e_g}^2}{4 D}.$$

c) Der Kaskadenverstärker.

Die Verstärkung einer einzelnen Eingitterröhre ist ungefähr eine 10fache. In den meisten Fällen reicht diese Verstärkung nicht aus, und man wird versuchen, mehrere Röhren in Reihe, in Kaskade, zu schalten. Die verstärkten Stromschwankungen im Anodenkreis werden an das Gitter der nächsten Röhre gelegt, erzeugen dort schwankende Ladespannungen und werden weiter verstärkt usw. Es ergeben sich nun zwei Schwierigkeiten. Erstens ist der Gitterwiderstand R_G der zweiten Röhre sehr groß ($> 10^7 \, \Omega$), also nicht gleich R_i der ersten Röhre. Das ist sehr ungünstig, denn für eine maximale Leistung muß $R_i \approx R_a$ in unserem Falle $\approx R_G$ sein. Zweitens wird von der anderen Seite gesehen der Wirkungsgrad einer Röhre sehr verschlechtert, wenn der Gitterwiderstand R_G (Gitter $\div$ Kathode) durch einen kleineren überbrückt wird. Wir müssen also eine Übertragereinrichtung einschalten. Am einfachsten wäre dies ein Transformator. Es muß dann sein:

$$R_P \approx R_i; \quad R_S \approx R_G;$$

$$\frac{n_S}{n_P} = \text{Windungsverhältnis}$$

$$= \text{möglich groß.}$$

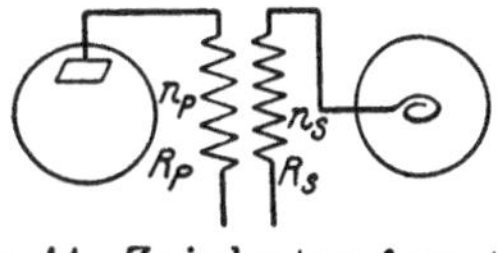

Abb. 44. Zwischentransformator.

Diesen Bestrebungen sind aber sofort Grenzen gesetzt. Es kann aus mathematisch leicht nachweisbaren Gründen das Windungsverhältnis nicht größer als höchstens 10 (Durchgangstransformatoren) gemacht werden. Dieser Wert wird sogar bei den meisten praktisch ausgeführten Modellen nicht erreicht. Der Ohmsche Widerstand läßt sich zwar mit einigen technischen Schwierigkeiten auf $10^7\,\Omega$ und darüber bringen, der Wirkwiderstand ist aber viel kleiner. Wir haben es ja mit mittel- und hochfrequenten Strömen zu tun, für die eine ungünstig gewickelte Spule als kapazitiver Kurzschluß wirkt. Ein kleiner Kondensator läßt um so besser den Wechselstrom durch, d. h. er hat um so geringeren Widerstand, je schneller die Frequenz ist. Bei hochfrequenten Strömen wirken also die meisten Transformatorspulen mit ihrer Eigenkapazität von $10 \div 50$ cm wie ein Kurzschluß, und mögen sie einen noch so hohen Widerstand durch sehr viel Windungen von geringem Drahtquerschnitt haben. Dieser Weg ist für die Hochfrequenz also sehr schlecht gangbar und führt zu sehr teuren und dabei ungenügenden Konstruktionen. Man greift hier wiederum zu der sehr beliebten und stets gefälligen Helferin der Radiotechnik, der Resonanz.

Ein kurzes Kapitel über die elektrische Resonanz.

Resonanz ist der Synchronismus, die Taktgleichheit zweier gekoppelter Schwingungen, der aufgedrückten und der eignen, und die damit verbundene höchstökonomische Möglichkeit zur Aufrechterhaltung eines Schwingungsvorgangs. Unter Schwingung versteht man das Pendeln einer Energie zwischen ihrer potentiellen Form, Energie der Lage, und ihrer kinetischen Form, Energie der Bewegung. Eine Feder wird gespannt, potentielle Energie; sie federt auseinander, kinetische Energie (Wucht) wird frei, die an ihr befestigte Masse kehrt ihre Bewegungsrichtung um, spannt wieder die Feder usw. Ein Kondensator wird geladen (potentielle Energie), entläd sich über eine Spule und erzeugt so ein magnetisches Feld (kinetische Energie). Dieses magnetische Feld wird in der Spule verbraucht zur Erzeugung einer induktiven Gegenspannung, die wieder den Kondensator auflädt und so fort. Die Grundelemente der elektrischen Schwingung (elektrisches Feld im Kondensator = Federspannung, und magnetisches Feld in der Spule = träge Masse) können nun in zwei Schaltanordnungen zusammengestellt werden.

I. Spannungsresonanz:

Die Wechselstromspannung wird in Reihe mit Kapazität und Selbstinduktion geschaltet. Die Schwingungskreisfrequenz dieses Systems ist:

$$\omega = \frac{1}{\sqrt{C \cdot L}}.$$

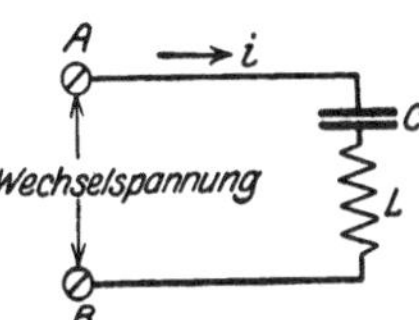

Abb. 45. Spannungsresonanz.

$\omega = 2\pi f$. f = Frequenz (Schwingungen in der Sekunde) zwischen Wellenlänge λ und Frequenz f besteht folgende Beziehung:

$$f \cdot \lambda = c$$

$$\left(c = 300\,000\,000\,\frac{\mathrm{m}}{\mathrm{sec}} = \text{Lichtgeschwindigkeit}\right).$$ Hat die aufgedrückte Wechselspannung dieselbe Kreisfrequenz, so tritt Spannungsresonanz ein, die sich durch folgende Erscheinungen äußert:

1. An dem Kondensator und der Spule treten sehr hohe Spannungen auf, die weit über der aufgedrückten Spannung liegen;

2. Der Widerstand der Gesamtschaltung ($A \div B$) wird äußerst gering;

3. Der Strom i wird sehr groß.

Diese Art der Resonanz wird in der Radiotechnik wenig benutzt. Weit häufiger ist die

II. Stromresonanz:

Die Wechselstromquelle, Kondensator und Spule sind parallel geschaltet. Die Stromresonanz tritt dann, wenn die Kreisfrequenz der aufgedrückten Wechselspannung ist:

$$\omega = \frac{1}{\sqrt{C \cdot L}}.$$

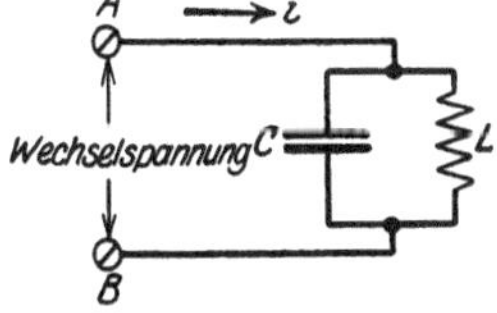

Abb. 46. Stromresonanz.

Sie zeigt sich durch folgende Erscheinungen:

1. Der Widerstand der Gesamtschaltung wird sehr hoch;

2. Der zugeführte Strom i wird sehr gering.

Wir hatten gefunden, daß es nicht möglich ist, mit den üblichen Mitteln den Widerstand der Sekundärspule des Zwischentrans-

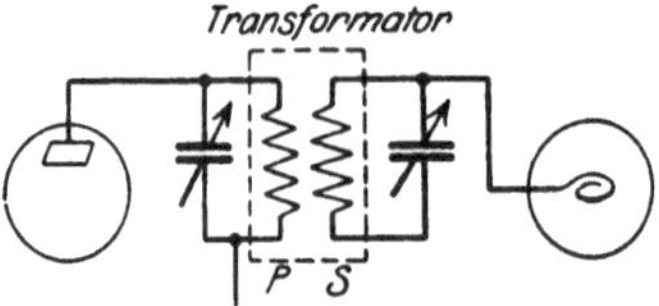

Abb. 47. Kopplung: Anodenkreis und Gitterkreis abgestimmt.

formators auf den Wert des Gitterwiderstandes R_G ($\sim 10^7\ \mathcal{O}$) zu steigern. In der Stromresonanz ist nun ein Weg gezeigt, wie wir beliebig hohe Wechselstromwirkwiderstände erzielen können. Wir brauchen ja nur einen Kreis so abzustimmen, daß seine Frequenz mit der hereinkommenden zusammenfällt. Dann ist nach der obigen Betrachtung der verbrauchte Strom sehr gering (II,2) und der Gesamtwiderstand äußerst groß (II,1). Wir kommen so zu den abgestimmten Übertragern.

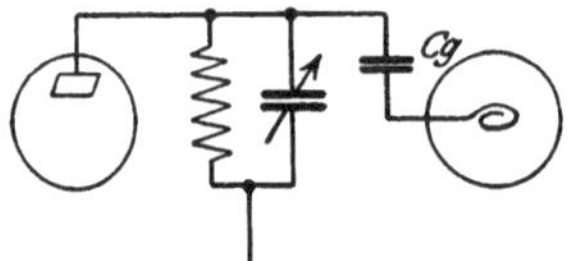

Abb. 48. Kopplung: Anodenkreis abgestimmt, direkt gekoppelt.

Um Schaltmittel zu sparen, kann man die Anordnung auf das nächste Schaltbild vereinfachen. Man vernachlässigt dann aber eine der beiden oben angegebenen Forderungen an den Übertrager. War die erste Schaltung eine induktive Kopplung, so ist die zweite eine galvanische.

Es hat eine jede Spule eine Induktivität und eine dazu parallel geschaltete verteilte Kapazität. Stimmt man nun eine solche Spule für die einkommende Frequenz ab, so kann man Kondensatoren sparen und gelangt zu folgenden Übertragungsanordnungen:

Geht man von diesen induktiven Kopplungen zu den galvanischen wieder über, so gelangt man zu den einfachsten Röhrenkopplungen, die zwar nicht so hochwertig wie die vorhergehenden aber billig und namentlich auf langen Wellen recht brauchbar sind. Man benutzt eine einzige Spule, die auf die einkommende Welle abgestimmt ist. Ihr Widerstand ist dann sehr hoch, ich nenne ihn R_S. Die Stromschwankungen im Anodenkreis I sind $\triangle i_a$. Es wird also dem Gitter der Röhre II die Steuerspannung zugeführt: $e_{St} = R_S \cdot \triangle i_a$.

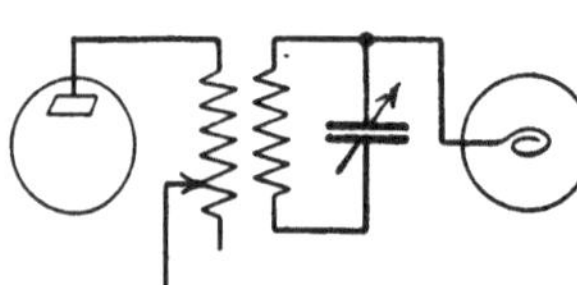

Abb. 49. Kopplung: angezapfte Spule im Anodenkreis.

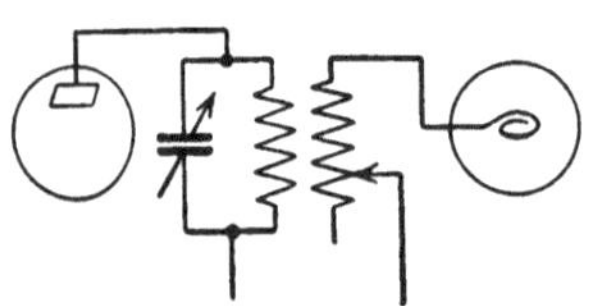

Abb. 50. Kopplung: angezapfte Spule im Gitterkreis.

Für lange Wellen kann man auf die Widerstandserhöhung durch Stromresonanz verzichten und auf einen Ohmschen Widerstand als Koppler zurückgreifen und kommt so zur Silitstabkopplung.

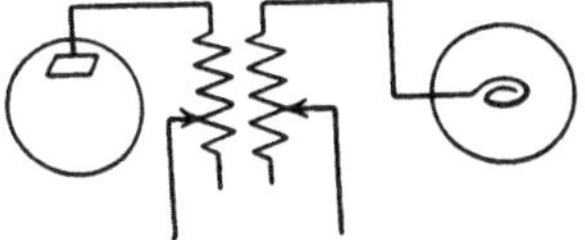

Abb. 51. Kopplung: abgestimmter Transformator.

Bei den Niederfrequenzverstärkern ist wegen der niedrigen Wechselzahl die Gefahr eines kapazitiven Kurzschlusses im Transformator gering, und man

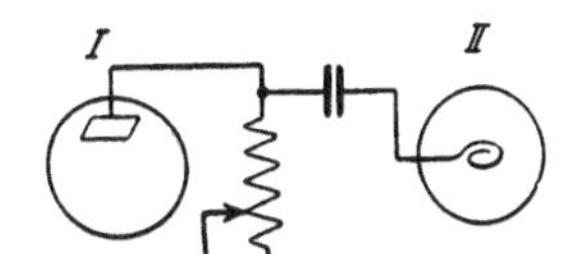

Abb. 52. Kopplung: abgestimmte Drosselspule.

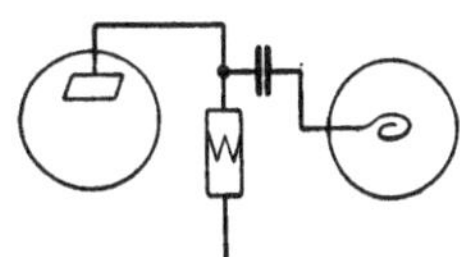

Abb. 53. Kopplung: hochohmiger Widerstand.

baut normale Transformatoren. Diese Übertrager können und werden wegen des höheren Wirkungsgrades sogar durch Eisenkerne geschlossen, da Verluste durch Hysterese und Wirbelströme sich bei den niedrigen Frequenzen sehr herabdrücken lassen. Die normalen Niederfrequenztransformatoren haben folgende Dimensionen:

Eingangstransformator:
$$U = 20; \ R_P = 5000 \ \Omega; \ R_S = \infty \ 10^6 \ \Omega.$$
Zwischentransformator:
$$U = 3; \ R_P = 100\,000 \ \Omega; \ R_S = \infty \ 10^6 \ \Omega.$$
Ausgangstransformator:
$$U = {}^1/_5; \ R_P = 100\,000 \ \Omega; \ R_S = 2000 \ \Omega$$

$U = $ Übersetzungsverhältnis $= \dfrac{n_S}{n_P},$

$R_P = $ Widerstand der Eingangsseite,

$R_S = $ Widerstand der Ausgangsseite.

d) Die Zweiplatten-Röhre.

Das Prinzip der Röhren mit einer Steuerelektrode besteht darin, daß das Feld dieser Elektrode auf die Elektronen einwirkt, die sich unter Einfluß des Anodenfeldes zur Anode bewegen. Es ist nach dieser Definition nun nicht notwendig, daß die Steuerelektrode direkt in dem Wege des Elektronenfluges stehen, denn ein Feld ist ja eine Kraftwirkung in die Ferne, und die Ursache des Steuerfeldes kann somit ganz außerhalb der Anordnung Kathode ÷ Anode stehen. Es sind auf diesen Gedankengang hin

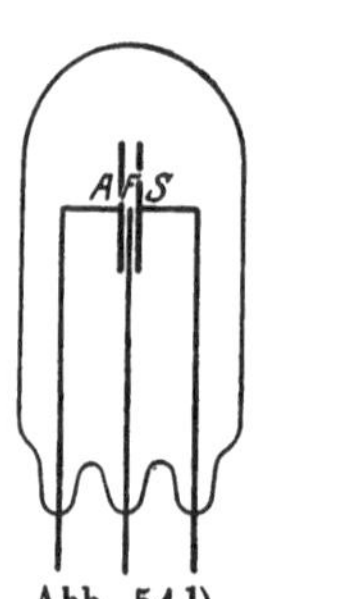

Abb. 54[1]).
Elektrodenanordnung

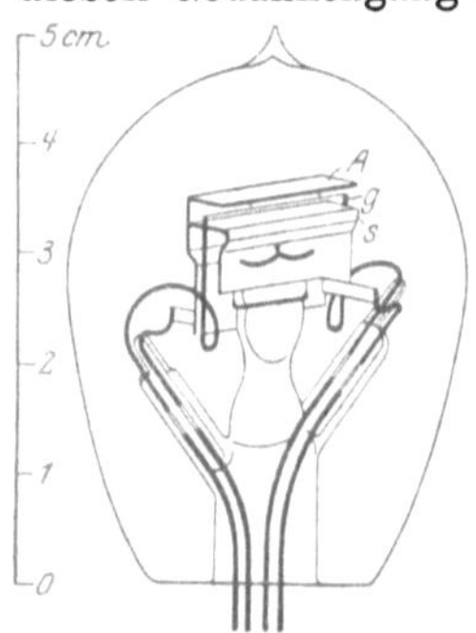

Abb. 55.
der Plattenröhre.

Abb. 56. Ausführungsform
der Plattenröhre.

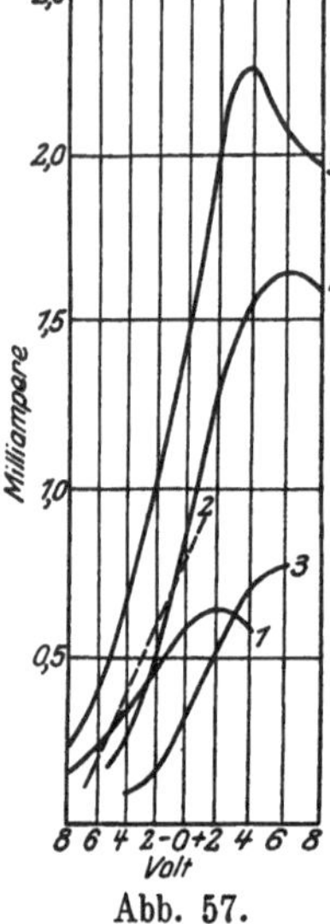

Abb. 57.

1. Plattenröhre erster Typ bei 10 Volt Anodenspannung. 2. Normale Steilheit. 90 Volt-Röhre. 8. Plattenröhre neuer Typ. 6,5 Volt Anodenspannung. 4. Dieselbe bei 18 Volt Anodenspannung. 5. Dieselbe bei 20 Volt Anodenspannung.

eine Anzahl Röhrenkonstruktionen entworfen worden, bei denen die Steuerelektrode außerhalb des Elektronenflusses manchmal sogar außerhalb der Röhre angeordnet ist. Besonders weit durchgebildet worden ist eine Type des physikalischen Instituts der Universität Würzburg, die Zweiplattenröhre, fälschlich oft „Doppelanodenrohr" genannt. Die Steuerelektrode ist auf der anderen Seite des Glühfadens gegenüber der Anode angeordnet. Der Abstand der beiden Platten voneinander ist $\sim 2\,\mathrm{mm}$. Wäre der Glühfaden zwischen den beiden Platten symmetrisch angeordnet, so wäre der Durchgriff dieser Röhrentype $D = 1$, denn die Kapazität Anode ÷ Kathode ist dann gleich der Kapazität Steuerplatte ÷ Kathode $\left(D = \dfrac{C_A}{C_G}\right)$. Um einen guten Verstärkungsgrad zu erzielen, rückt man die Steuerplatte dicht an den Heizfaden und gelangt bis auf $D = 50\%$.

---

[1]) Die Abb. 53 ÷ 57, 65, 106, 107 und 109 sind entnommen dem Jahrb. für drahtlose Telegraphie und Telephonie Bd. XV, S. 27. 1920. Verlag M. Krayn, Berlin.

Da man die Platte sehr dicht an die Kathode heranrücken kann, ist die Steilheit der Röhre eine sehr gute:

$$S = \infty\, 2 \cdot 10^{-4}\, \frac{A}{V}.$$

$\left(\text{Bei der normalen Eingitterröhre } S = \infty\, 1 \cdot 10^{-4}\, \frac{A}{V}\right)$. Nun ist aber nach der bekannten Formel:

$$R_i = \frac{1}{D\,S} = \infty\, 10000\ \Omega.$$

Der innere Widerstand ist also äußerst niedrig; wir brauchen eine geringe Anodenspannung, um den gewünschten Strom durch die Röhre zu erhalten. Tatsächlich arbeiten die Doppelplattenröhren schon mit 10—20 V Anodenspannung, eine bemerkenswerte Sparsamkeit. Leider ist der Bau dieser Röhren nicht fortgesetzt worden. Da sie aber für einen Niederfrequenzverstärker sehr gut geeignet sind (bei kleinem R_i kann der Transformatorwiderstand klein sein, außerdem geringe Anodenspannung), wäre zu wünschen, daß irgendeine Firma sich dafür interessierte. Einige Daten über die Röhre: (nach Rüchardt, Ein Elektronenverstärker für geringe Anodenspannungen. Jahrb. Bd. 15, S. 27. 1920).

Anoden-spanne V	Elektronenemission für 1 W Heizleist. m A/W	Steilheit A/V	Innerer Widerstand Ω	Durch-griff %	Güte $1/\Omega$
12	2,4	$1,7 \cdot 10^{-4}$	$7,4 \cdot 10^{3}$	80 .	$2,1 \cdot 10^{-4}$

IV. Die Anwendung der Eingitter-Röhre.

a) Als Detektor-Audion.

1. Röhrendetektor.

Die Zeichen der drahtlosen Telegraphie werden bekanntlich durch Ätherschwingungen übermittelt, deren Frequenz (Schwingungszahl) eine sehr hohe ist (100 000 ÷ 1 000 000 Per./sec). Einer derartig hohen Schwingungszahl vermag die Membran des Telephons und unseres Ohres (das Trommelfell) nicht zu folgen; man moduliert diese Hochfrequenzschwingung deshalb durch eine Schwingung der Hörfrequenz, das heißt, man ändert die

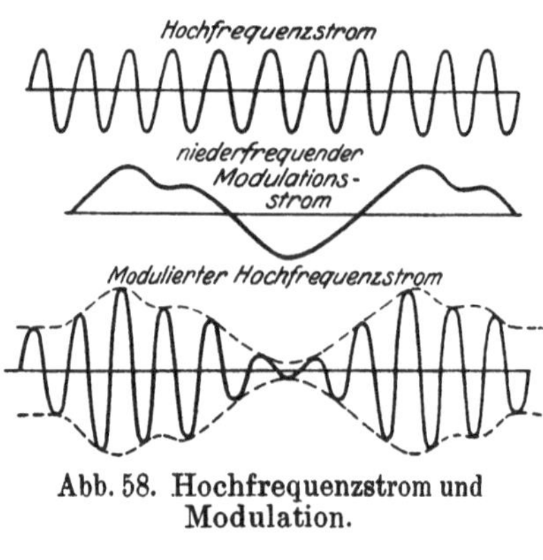

Abb. 58. Hochfrequenzstrom und Modulation.

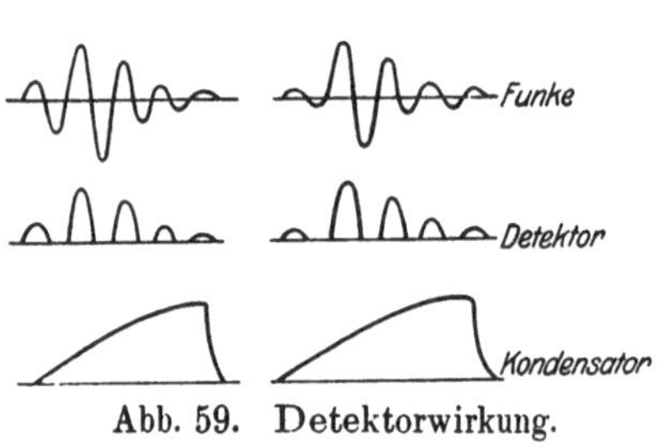

Abb. 59. Detektorwirkung.

Stromstärke (Amplitude) des Hochfrequenzstromes im Sinne eines Niederfrequenzstromes; das Ohr folgt dann nur den relativ langsamen Schwingungen.

Beim alten Funkensender sandte man einzelne Funken aus (ungefähr 1000 in der Sekunde), deren jeder eine Serie von Hochfrequenzschwingungen auslöste. Die einzelne Schwingung, die man zur drahtlosen Übermittlung braucht, registriert das Ohr nicht, wohl aber jede einem Funken entsprechende Serie. Der gewöhnliche Kristalldetektor ist ein Instrument zur Umformung der Hochfrequenzenergie in Niederfrequenzenergie. Er ist ein Halbweggleichrichter, läßt also nur die eine Hälfte der Schwingung durch. Diese gleichnamigen Stromstöße laden einen Kondensator auf, der sich dann bei Ende einer Schwingungsserie, also bei jedem Funken, über das Telephon entlädt.

Wir haben nun die Röhre als vorzüglichen Gleichrichter kennengelernt, wir brauchen ja nur die Gitterspannung durch eine Vorspannung soweit negativ zu halten, daß gerade der Anodenstrom unterdrückt wird (Kennlinie!). Kommt nun eine Schwingungsserie, so werden die positiven Stromhälften wieder etwas Anodenstrom fließen lassen, während die negativen an dem Zustand nichts ändern. Ebensogut kann man aber auch an dem anderen Knick der Kennlinie arbeiten. Man erhält auch hier eine Gleichrichterwirkung; bei jedem negativen Stromstoß wird der Anodenstrom geschwächt, während die positiven auf den Anodenstrom, der ja schon seinen Sättigungswert erreicht hat, ohne Einfluß bleiben. Als Schaltungsschema ergibt sich also für die Röhre als Detektor die folgende Abb. 62. P ist ein Potentiometer, das die

Einstellung einer beliebigen Gittervorspannung gestattet. Soll eine positive Gittervorspannung eingestellt werden, so muß die Potentiometerbatterie umgepolt werden.

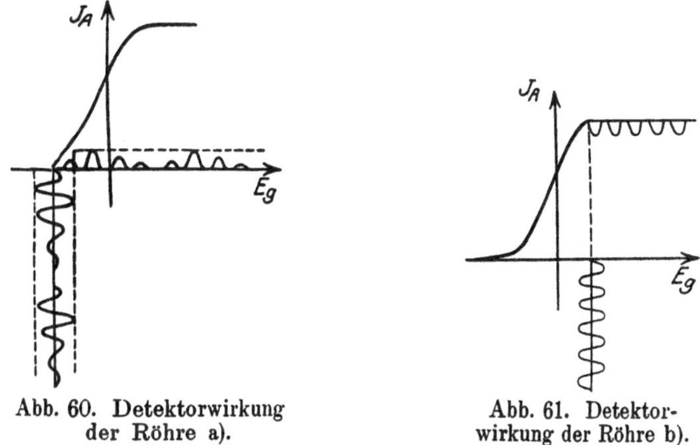

Abb. 60. Detektorwirkung der Röhre a).

Abb. 61. Detektorwirkung der Röhre b).

2. Audionkreis:

Die reine Gleichrichterwirkung, die in der Detektorschaltung verwandt wird, erreicht nicht die Einfachheit und Empfindlichkeit der sogenannten Audionschaltung. Die Wirkungsweise dieser

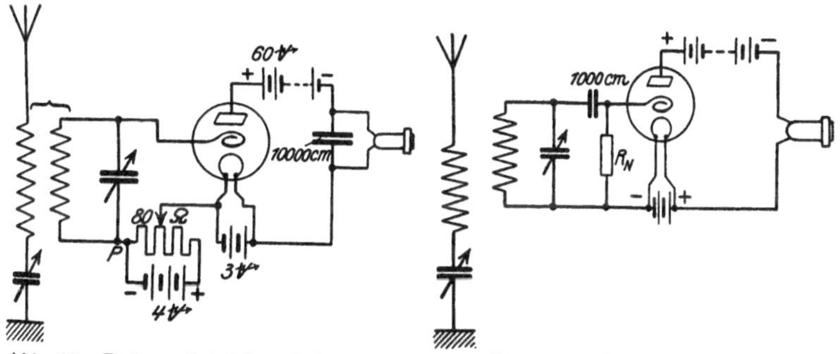

Abb. 62. Röhrendetektorschaltung.

Abb. 63. Audionschaltung.

Schaltung beruht auf dem Verhalten eines abgeriegelten Gitters. In der Audionschaltung wird das Gitter durch einen Blockkondensator abgesperrt. Bei Beginn des Elektronenstromes nimmt es einige Elektronen auf und ladet sich durch diese negativ, bis es durch die entstehende negative Ladung auf dem Sperrkondensator keine weiteren Elektronen mehr aufnehmen kann. Durch die Überbrückung durch den hochohmigen Widerstand $R_n \infty = 1 \div 4 \times 10^6\ \Omega$ wird die negative Vorspannung durch Selbstaufladung nicht ganz aufgehoben, sondern nur herabgesetzt. Kommt nun eine gedämpfte Schwingung in den Schwingungskreis und somit an das Gitter, so lassen die positiven Stromstöße der Schwingungs-

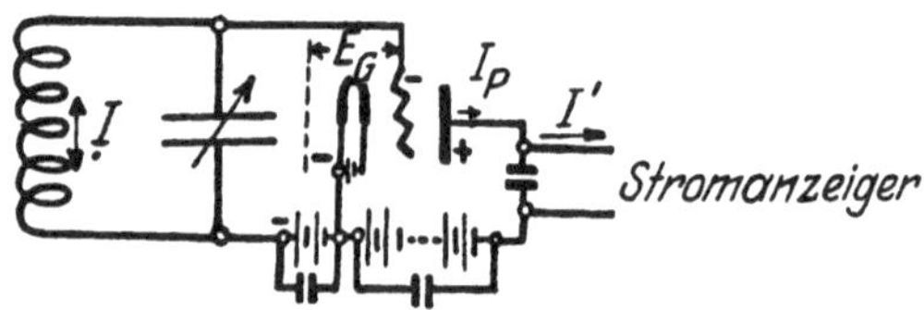

Abb. 64. Strom und Spannung beim gewöhnlichen Röhrendetektor (entspricht Abb. 66)[1]).

serie durch teilweises Aufheben der negativen Gittervorspannung, die sich **automatisch** eingestellt hatte, einen Elektronenzufluß zum Gitter wieder zu, das Gitter wird also noch negativer. Die

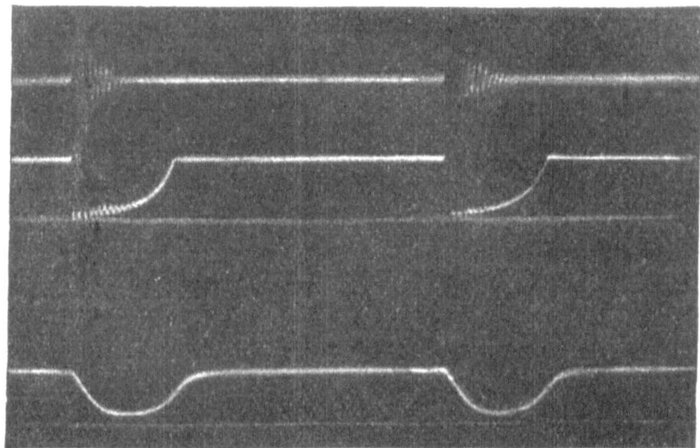

Abb. 65. Audionwirkung als Oszillogramm aufgenommen.

folgenden Stromstöße bewirken so durch weiteres Zulassen der Elektronenansammlung auf dem Gitter eine weitere Herabsetzung des Gitterpotentials usw. Die ganze Stromstoßserie wirkt wie eine negative Aufladung des Gitters, der Anodenstrom wird für diese

---

[1]) Die Abb. 64, 66 und 67 sind entnommen aus H. Hund, Hochfrequenzmeßtechnik. Berlin: Julius Springer 1922.

Zeit geschwächt, ein Loslassen der Telephonmembran. Hat die Schwingungsserie ihr Ende gefunden, so kann endlich die negative Ladung durch den hohen Nebenwiderstand R_N abfließen, der

frühere Zustand, ist wieder hergestellt. Die Parallelschaltung des Widerstandes zum Kondensator ist natürlich prinzipiell dasselbe. In beiden Fällen wird eine schlechtleitende Verbindung des Gitters mit dem neutralen Potential des Heizfadens hergestellt werden. Der Widerstand muß sehr hoch sein, weil sonst die Röhre kurzgeschlossen werden würde. Der innere Widerstand Gitter $\div$ Kathode war $R_g \approx 10^7\ \varOmega$; ist der Parallelwiderstand viel kleiner, würde der Steuerstrom durch ihn fließen anstatt auf das Gitter.

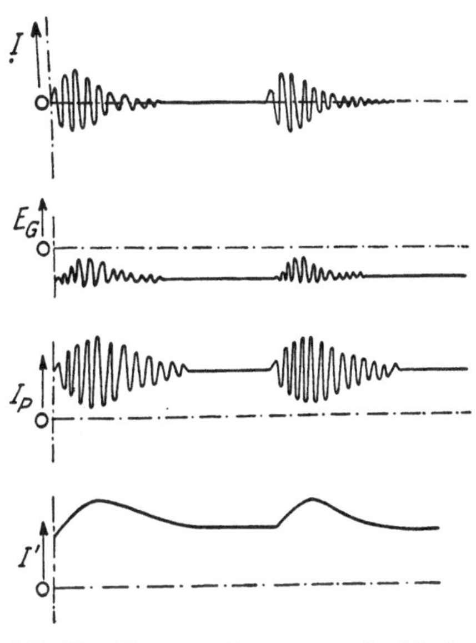

Abb. 66. Strom- u. Spannungsverlauf beim gewöhnlichen Röhrendetektor (Abb. 64).

Bei allen diesen Betrachtungen muß man beachten, daß in der drahtlosen Telephonie auch modulierte Hochfrequenzschwingungen zur Übertragung benutzt werden, daß die obigen Schaltungen also auch zum Telephonieempfang geeignet sind. War bei dem Löschfunkensystem die Modulation eine Auflösung der dauernden Schwingung in einzelne abklingende Schwingungsserien, so wird in der

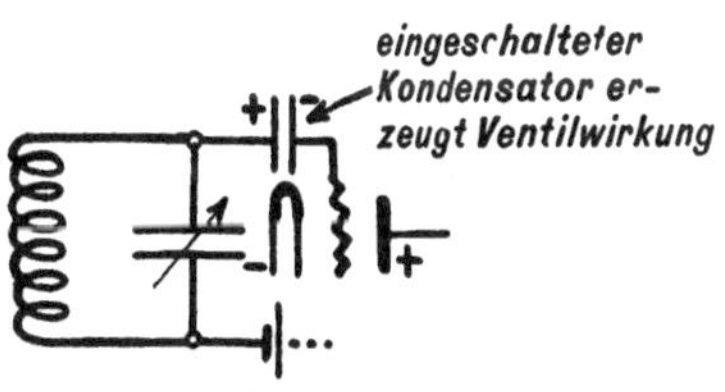

Abb. 67. Audionschaltung.

drahtlosen Telephonie die Stromstärke der dauernden (kontinuierlichen) Hochfrequenzschwingung im Takt mit den Schallschwingungen geändert (moduliert). Die viel schnelleren Hochfrequenzschwingungen werden also in die langsamere Tonschwingung gewissermaßen hineingezeichnet (siehe Abbildung für den Vokal „e"). Die Telephon-

membran des Empfängers folgt dann nur den langsamen Steuer-
schwingungen, der aufgedrückten Wellenform, gibt also die Klang-
schwingung wie-
der, ohne sich um
die Trägerwelle zu
kümmern.

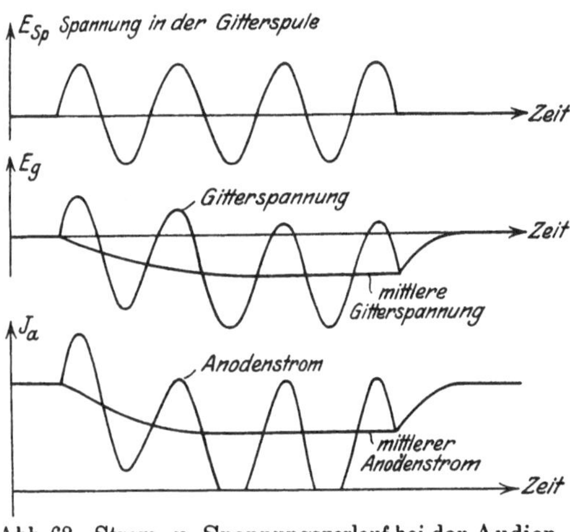

Abb. 68. Strom- u. Spannungsverlauf bei der Audionschaltung.

b) Als Schwin-
gungserzeuger.

Es wird in die-
sem Kapitel und
auch in den folgen-
den häufig von dem
Begriff der Kopp-
lung Gebrauch ge-
macht werden, und
so wollen wir ihn
hier definieren.
Unter Kopplung
versteht man all-
gemein in der Schaltungslehre ein Schaltglied, das gleichzeitig in z w e i
Kreisen liegt, Energie von dem einen in den anderen ü b e r t r ä g t und
selbst aber nur die D i f f e r e n z der
beiden Kreisströme führt. Bei einem
Transformator, zwei Spulen, die
durch einen Eisenkern verbunden
sind, ist das Kopplungsglied das
magnetische Feld, der magnetische
Kraftlinienfluß. In der primären
Spule fließt ein Strom, der ein
primäres Feld erregt; durch dieses
Feld wird in der sekundären Spule
eine Spannung erzeugt (Kraftlinien-
schnitt!), die bei Belastung des sekundären Kreises dort einen Strom
fließen läßt. Die Kopplung ist also
durch das magnetische Feld zwischen

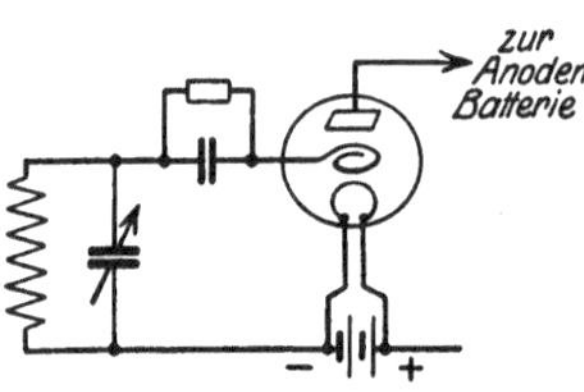

Abb. 69. Audionschaltung
in anderer Form.

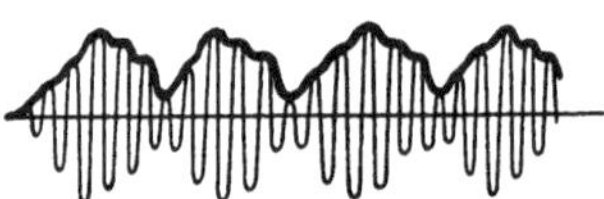

Abb. 70. Hochfrequenzstrom
durch Tonschwingung des
Vokals „e" moduliert.

den beiden Spulen besorgt worden. Es ergibt sich nun weiter,
daß der sekundäre Strom wieder im Eisenkern ein sekundäres

Feld erzeugt; würde dieses Feld noch das primäre verstärken, so
könnte man die primäre Spannung fortnehmen, und die ganze Anordnung würde als Perpetuum mobile laufen. Nach dem 1. Haupt-
satze gibt es so etwas aber nicht, es folgt: Das sekundäre Feld
im Transformator muß das primäre schwächen. Dies ist auch der
Fall. Wir haben hier also den typischen Fall einer Kopplung:

1. Glied liegt in beiden Kreisen;

2. Glied übermittelt die Energie;

3. Glied führt nur die Differenz der beiden Energien (Feld I
minus Feld II).

Der Transformator benutzt das elektromagnetische Feld, er
arbeitet mit induktiver Kopplung. Ebensogut kann man auch

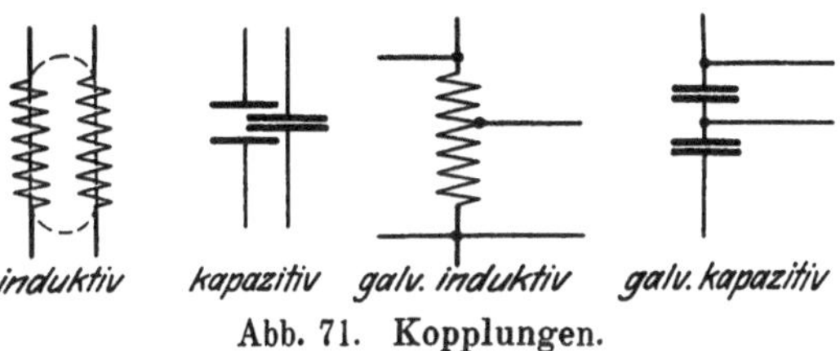

Abb. 71. Kopplungen.

das elektrostatische Feld zur Kopplung ausnutzen: man erhält
die kapazitive Kopplung. Läßt man in einem Gedanken-
experiment bei einem Transformator die Spulen aus einem
räumlichen Nebeneinander in ein metallisches Ineinander übergehen, so bleiben für die magnetischen Felder die Verhältnisse
unverändert: wir haben rein äußerlich aus der induktiven Kopplung die galvanische gemacht.

Unter einem Sender versteht man in der Radiotechnik einen
Apparat, der irgendwelche elektrische Energie in Hochfrequenzenergie umformt, die dann von der Antenne ausgestrahlt wird.
Ihrer Anwendungsmöglichkeit als Radiosender hat die Röhre
einen großen Teil ihres Aufschwunges zu verdanken. Im Prinzip
ist die Anordnung sehr einfach. Es ist leicht, durch irgendeine
Maschine einen Hochfrequenzstrom von geringer Leistung zu
erzeugen. Diesen Wechselstrom führt man dem Gitter einer
größeren Senderöhre zu und erhält dann den Anodenwechselstrom von gleicher Frequenz, aber größerer Stärke. Man kann
so die Steuerleistung auf das 20fache verstärken. Diese ganze

Anordnung ist umständlich, kommt aber bei ganz großen Röhrensendern zur Anwendung. Die Einführung der Röhre als Sender ist erst durch die Rückkopplung möglich geworden. Der grundlegende Gedanke sei an Abb. 72 erläutert. Die Zeichnung ist die Patentzeichnung, unter der Meißner die erste dieser Schaltanordnungen veröffentlichte. Wird der Schalter S geschlossen, so beginnt der Anodenstrom plötzlich zu fließen. Da durch die Trägheit des Magnetfeldes der Strom in der Spule nicht sofort auf seinen Höchstwert ansteigen kann, wird zuerst der Kondensator C_a aufgeladen; diese Kapazität entlädt sich dann über der Spule L_a. Durch das Einschalten des Anodenstroms wird der Schwingungskreis $L_a C_a$ in seiner Grundschwingung angestoßen. Mit L_a ist aber L_G gekoppelt. Ein Teil der Schwingungsenergie des Kreises $L_a C_a$ wird auf das Gitter übertragen, das doch aber wieder den durch den Schwingungskreis hindurchfließenden und ihn erregenden Anodenstrom steuert (siehe Verstärker- und Relaiswirkung der Röhre). Wir haben also in dieser Rückkopplungsschaltung eine Selbsterreger- oder Selbststeuerschaltung, wie sie in der Technik gar nicht selten sind. Bei der Schieberdampfmaschine schickt der automatisch gesteuerte Schieber den Dampf einmal in der einen, dann in der andern Richtung durch den Zylinder und hält den Schwingungsvorgang des Kolbens, der dann auf ein Schwungrad übersetzt wird, aufrecht. Bei dem Klingelunterbrecher steuert der auf dem Anker sitzende Kontakt den Magnetisierungsstrom. Genau die gleiche Selbsterregung liegt bei der Rückkopplungsschaltung vor. Ist durch das Einschalten der Schwingungskreis mit seiner Kreisfrequenz $\omega = \dfrac{1}{\sqrt{L_a C_a}}$ in Schwingungen versetzt worden, so muß die Rückkopplung nur so eingerichtet werden, daß das Gitter den Anodenstrom (es schwingt ja nur ein dem Gleichstrom übergelagerter Wechselstrom) im richtigen Augenblick schwächt oder unterstützt, damit die Schwingung aufrechterhalten werden kann. Es muß für die Erhaltung der Schwingung folgende Phasenbeziehung bestehen:

$$e_g \text{ und } i_a \text{ in gleicher Phase,}$$
$$e_a \text{ um } 180° \text{ dagegen verschoben.}$$

Beim Koppeln des Gitters mit dem Anodenschwingungskreis muß man auf diese Beziehung achten. Entstehen keine Schwin-

gungen, so ist eine Spule umzupolen. Für die direkte Anordnung
sind drei Schaltmöglichkeiten vorhanden:
1. Schwingungskreis im Anodenkreis;
2. Schwingungskreis im Gitterkreis;
3. Schwingungskreis in beiden Kreisen.
Eine günstigere Energieausbeute bei sinusförmigem Strom
ergaben die sog. Zwischenkreisschaltungen. Während bei

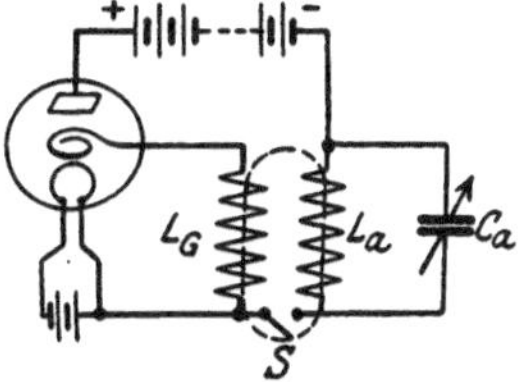

Abb. 72. Senderschaltung.

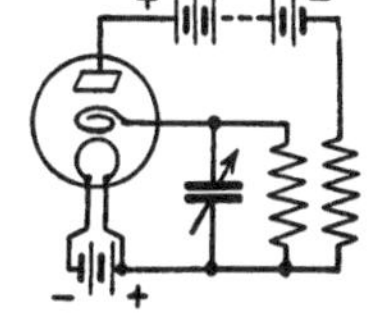

Abb. 73. Senderschaltung.

den direkten Schaltungen der Energieausstrahler, die Sendeantenne,
unmittelbar mit dem Röhrenschwingungskreis verbunden ist,
wird bei den Zwischenkreisröhrensendern noch ein auf die Sendewelle abgestimmter Schwingungskreis dazwischengeschaltet, der

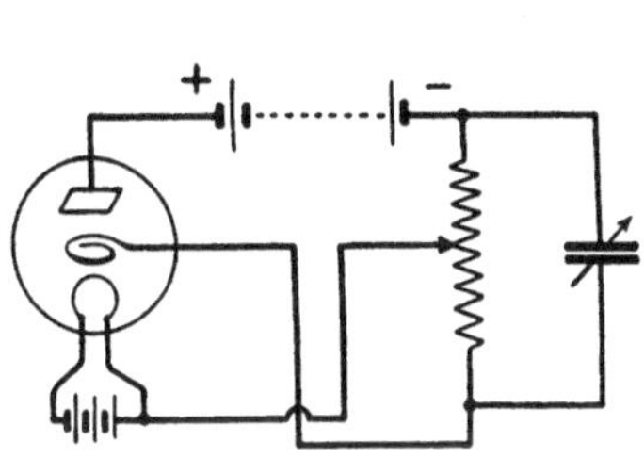

Abb. 74. Einkreisschaltung.

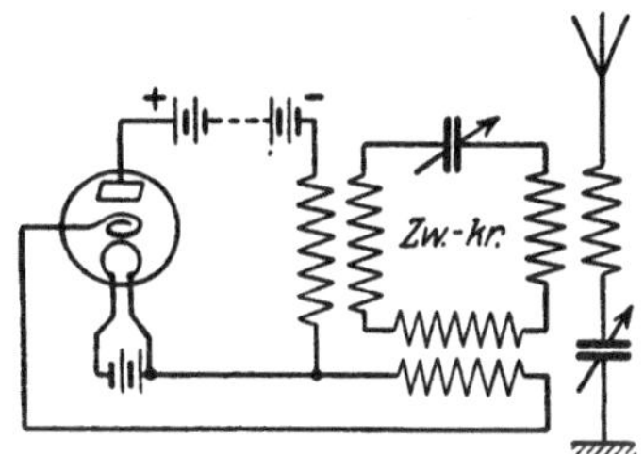

Abb. 75. Zwischenkreisschaltung.

unter Umständen noch einige unerwünschte Oberschwingungen,
Vielfache der Grundschwingung, heraussiebt. Nachdem bei
diesen Zwischenkreissendern die Schwierigkeit des sog. „Ziehens"
(eine Unstetigkeit der Abstimmung, die durch zu festes Koppeln
zweier Schwingungskreise bedingt wird) in ihrer Ursache erkannt
und beseitigt worden war, hat diese Schaltung ein großes Anwendungsgebiet gefunden.
Trotzdem ich das Kapitel über den Röhrensender möglichst
kurz zu halten beabsichtige, da der Sender für den Amateur von

geringerer Bedeutung ist, möchte ich doch nicht verfehlen, auf die Wichtigkeit des Röhrensenders für die d r a h t l o s e T e l e p h o n i e hinzuweisen. Die Schwierigkeit bei der drahtlosen Telephonie liegt darin, daß man gezwungen ist, mit den sehr geringen Schallenergien die starken Hochfrequenzsendeströme zu steuern (siehe über Modulation im Kapitel „Detektor"). Man schaltete zuerst den Schall $\div$ Elektrische Energietransformator, das Mikrophon, in die Antenne und hatte den Nachteil, bei großen Sendeenergien mit dem ganzen Antennenstrom, also vielen Ampere, das zarte Mikrophon belasten zu müssen, was weder für die Reinheit der Sprachübertragung noch für das Mikrophon vom Vorteil ist. Beim Röhrensender fand man endlich die Gelegenheit, mit geringen Sprechströmen große Sendeenergien zu steuern. Man braucht ja bloß das Mikrophon in den Gitterkreis zu legen und hat eine gute und wirkungsvolle Beeinflussung. Da aber das Gitter schon mit der Steuerung der Hochfrequenzenergie (Rückkopplung!) betraut ist, bereitet diese Schaltung einige Schwierigkeiten, wenn man konstante Sendewelle und gute Sprachbeeinflussung verlangt. Man suchte daher nach anderen Beeinflussungs- oder Kontrollmöglichkeiten. Man will die Amplitude des Hochfrequenzstromes gemäß den Tonschwankungen der zu übertragenden Geräusche ändern und hat dazu drei Möglichkeiten:

a) Kontrolle durch das Gitter;

b) Beeinflussung des Heizstroms (Emission hängt ab von Heiztemperatur; R i c h a r d s o n !);

c) Änderung der Anodenspannung (Emission ist abhängig von der Anodenspannung, L a n g m u i r sche Raumladungsformel!).

Die Möglichkeit a) haben wir schon erörtert, es käme Fall b). Schalten wir das Mikrophon in den Heizkreis, so müßte sich die Elektronenemissoin mit den Widerstandsschwankungen im Mikrophon ändern und damit auch die Hochfrequenzamplitude. Diese Art der Steuerung bereitet aber große Schwierigkeiten, weil die W ä r m e t r ä g h e i t des Heizfadens zu groß ist. Die Elektronenemission ist ja nicht abhängig vom Heizstrom, sondern von der Heiztemperatur, und diese folgt kaum den schnellen Sprechstromschwankungen, sondern ist bemüht, sich auf einen festen Mittelwert einzustellen. Diese Möglichkeit fällt also aus.

Die dritte Art der Steuerung, die Variierung des Anodenstroms, liegt nun wieder im Bereich der Möglichkeiten und findet in der letzten Zeit ein großes Anwendungsgebiet. Es handelt sich darum, die Anodenspannung in dem Tempo der Schallschwingungen zu ändern; man kann dazu in den Anodenstromkreis einen variablen Widerstand legen, der dann eine schwankende Spannung verzehrt. Hierzu ist natürlich ein gewöhnliches Mikrophon auch mit hohem Widerstande nicht brauchbar, denn bei dem Röhrenwiderstande von $R_i = 100\,000\ \Omega$ würde der kleine Mikrophonwiderstand von höchstens $500\ \Omega$ nichts ausmachen.

Wir wissen aber, daß sich bei einer normalen Röhre der Anodenstrom mit der Gitterspannung ändert (Kennlinie!); nehmen wir den inneren Widerstand der Kontrollröhre als konstant an, so verbraucht die Röhre eine mit den Schallwellen schwankende Spannung $R_i \cdot i_a$, verhält sich also genau wie ein Mikrophon mit sehr hohem Widerstand, wenn die Gitterspannung von einem gewöhnlichen Mikrophon gesteuert wird. Legt man diese Kontrollröhre

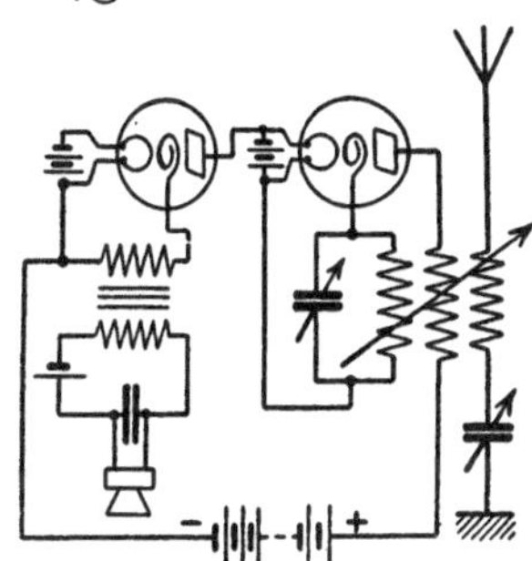

Abb. 76. Kontrollröhre in Reihenschaltung (Telephoniesender).

mit der Senderöhre in bezug auf den Anodenstrom in Reihe an eine konstante Spannungsquelle, erhält die Senderöhre eine variable Anodenspannung und erzeugt daher Hochfrequenzströme von schwankender Amplitude. Das sich ergebende Schaltbild zeigt Abb. 76. Die Vorzüge dieser Schaltung sind: große Sprachreinheit, große Übertragungsökonomie
(Übertragungsökonomie

$$= \frac{\text{Intensität der Schwankungen des Hochfrequenzstroms}}{\text{Intensität des Trägerstroms}} = \text{ungefähr } 40^0/_0)$$

und Stabilität der ausgesandten Welle. Die Nachteile sind: Große Kontrollröhre, da der ganze Anodenstrom durch sie hindurchgeht; hohe Anodenspannung, weil zwei Röhren hintereinandergeschaltet sind. Diese Schaltung ist in einigen Variationen bei amerikanischen Sendern in neuester Zeit viel angewandt worden.

Um die hohe Anodenspannung zu vermeiden, griff man zu der Parallelschaltung der Kontrollröhre. Durch eine geeignete Schaltanordnung erzeugt man sich eine Gleichspannungsquelle von einer bestimmten und fest begrenzten Ergiebigkeit.

Diese Spannungsquelle speist dann die parallelgeschalteten Kontroll- und Senderöhren. Ändert sich nach dem oben beschriebenen Prinzip der Anodenstrom der Kontrollröhre, so fließt durch die Senderöhre auch ein sich ändernder Anodenstrom, wir haben also den gleichen Effekt wie bei der ersten Schaltung. Diese Anordnung hat die gleichen Vorzüge wie die erste, außerdem braucht sie aber weniger Anodenspannung, und die Kontrollröhre kann relativ zum Gesamtstrom kleiner bemessen werden. Ihr Nachteil ist die schwierigere Bedienung und Dimensionierung. Zusammenfassend kann man über Telephoniebeeinflussungen bei Röhrensendern wohl sagen, daß eine Kontrolle nur dann zu guten Resultaten führt,

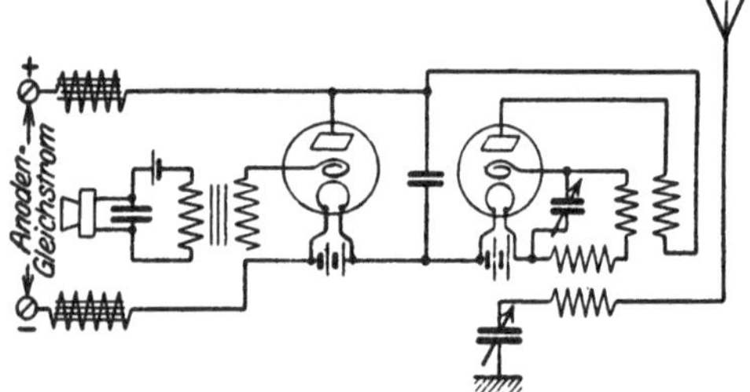

Abb. 77. Steuerröhre in Parallelschaltung (Telephoniesender).

wenn sie nicht einen Eingriff in den inneren Mechanismus der Hochfrequenzerzeugung bedeutet, wie das immer bei direkter Gitterbesprechung der Senderöhre der Fall ist.

Die deutschen Rundfunksendestationen sind großenteils nach der Schäfferschen Gittergleichstrommethode geschaltet worden, eine Schaltung, die sich durch die Konstanz der erzeugten

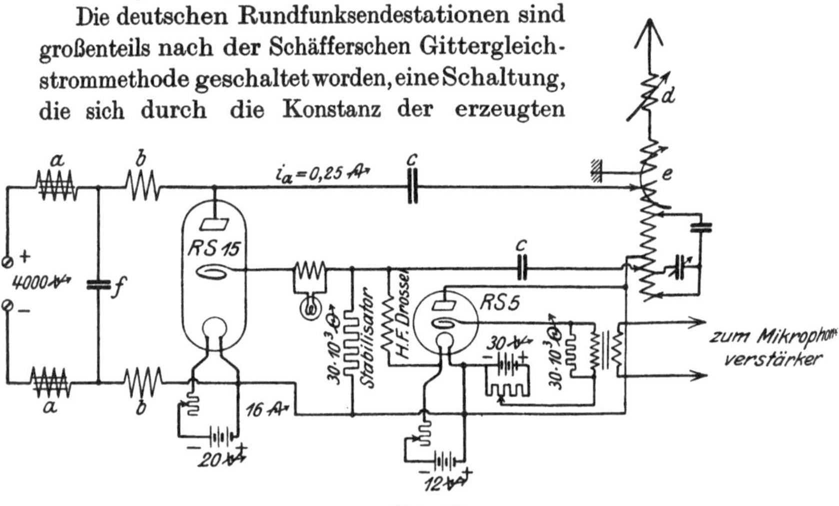

Abb. 78.

Schwingung und durch die Sauberkeit der Tonwiedergabe bewährt hat (Abb. 78). Bei dieser Schaltung werden die verstärkten Sprechströme auch einer besonderen Modulationsröhre (RS 5) zugeführt. Da der innere Röhrenwiderstand einer Röhre eine Funktion der Gitterspannung ist, verändert die Besprechungsröhre im Takt mit den Sprechströmen ihren Widerstand; in der vorliegenden Anordnung ist diese Röhre aber so geschaltet, daß sie ihren

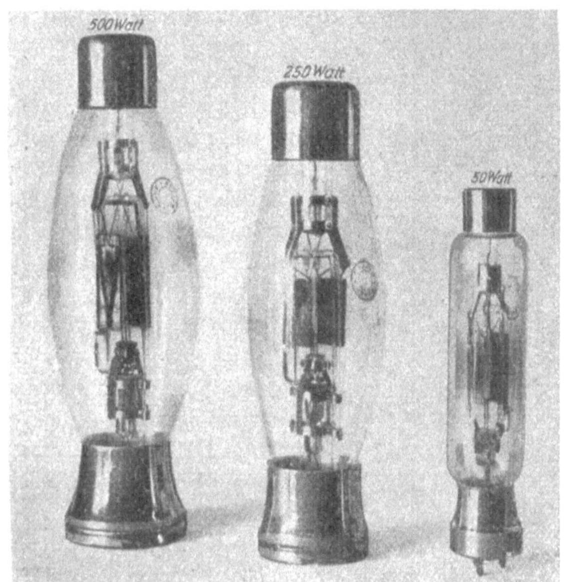

Abb. 79. Senderöhren (Radioröhrenfabrik, G. m. b. H., Hamburg).

Anodenstrom aus dem Gitterstrom der Senderöhre empfängt. Das Gitter der Senderöhre wird so mit einem veränderlichen Widerstand belastet, der Hochfrequenzstrom ändert im Takte mit dieser Gitterspannung, also im Takte mit den Sprechströmen, seine Amplitude, eine Telephoniesteuerung ist erreicht. Die Eisendrosseln a (3 bis 5 Henry) und der Blockkondensator f (2 bis 4 μ F) sollen die Maschinengeräusche aus dem Anodengleichstrom fernhalten, die Hochfrequenzdrosseln b verhindern ein Zurückfluten der Hochfrequenz in die Gleichstrommaschinen, durch die Kondensatoren c (2000 bis 5000 cm) wird ein Kurzschluß des Anodengleichstroms über die Anodenschwingungsspule vermieden. Die Spule d ist die Antennenabstimmspule, e die Zwischenkreiskopplung.

Durch den Rundfunkbetrieb wurden besonders an die Senderöhren hohe Anforderungen gestellt. Bei absoluter Konstanz der erzeugten Welle mußten die Röhren stundenlang hintereinander in Betrieb bleiben; bei dieser Dauerbelastung, die nicht einmal, wie bei dem Telegraphierbetrieb, durch die Pausen zwischen den einzelnen Zeichen unterbrochen wird, bereitet natürlich die Wärmeableitung große Schwierigkeiten. Man muß bedenken, daß mindestens ein Drittel der aufgewandten Leistung an die Anode als Wärme abgegeben wird. Um zu verhindern, daß dadurch die Anode schmilzt, mußte man ihr sehr große Dimensionen geben. Diesen Übelstand beseitigen zwei gleichzeitig von Telefunken, Berlin, und C. H. F. Müller, Hamburg, herausgebrachte neue Senderöhren. Bei diesen Röhren ist die Anode ein Kupfertopf, der an den Glaskolben angeschmolzen ist und daher leicht von außen mit Wasser zu kühlen ist. Diese Anordnung gestattet wegen der Möglichkeit der intensiven Kühlung, mit den Dimensionen der Röhre bei großer Leistung herabzugehen, so zeigt die Abbildung eine derartige, neue

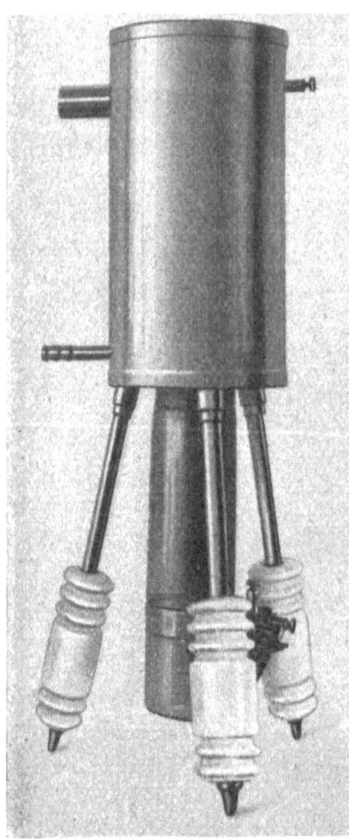

Abb. 80. 4 kW-Senderöhre (Radioröhrenfabrik G. m. b. H., Hamburg).

Senderöhre für 4 kW (Abb. 80). Diese Röhre hat fast die Größe einer alten 500-W-Röhre. So naheliegend dieser Gedanke einer außenliegenden Anode auch ist, so hat die praktische Durchführung doch recht große Schwierigkeiten bereitet, da es nicht so einfach ist, derartig große Metallflächen durch Einschmelzen in das

Glas bei den extrem hohen Gasverdünnungen in den Elektronenröhren dauernd dicht zu behalten. Dieser schwierige Versuch gelang nur dadurch, daß man von dem Röntgenröhrenbau, der bei dem Einschmelzen der Antikathodentöpfe die gleichen Schwierigkeiten bot, einige Erfahrungen übertragen konnte; trotz alledem gelingt diese Ausführung nur recht geschickten Glasbläsern.

Eine Umwälzung auf dem Röhrengebiet der Rundfunksender verspricht der **Habanngenerator** zu werden. Der Generator ist ein neuer Röhrensender, der mit magnetischer Steuerung ohne Rückkopplung gestattet, ungedämpfte, hochfrequente Schwingungen zu erzeugen. Die Zukunft wird seine Brauchbarkeit lehren.

c) Als schwingender Empfänger.

In dem vorangehenden Kapitel ist gezeigt worden, wie leicht es ist, durch die Einführung der Rückkopplung die Röhre zu

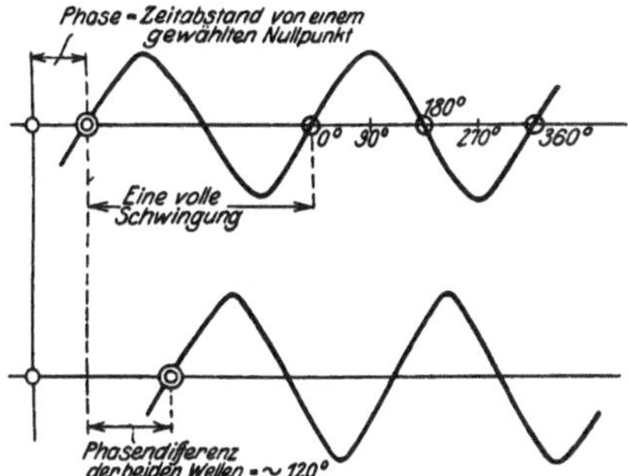

Abb. 81. Zeitmessung bei der Wechselstromtechnik.

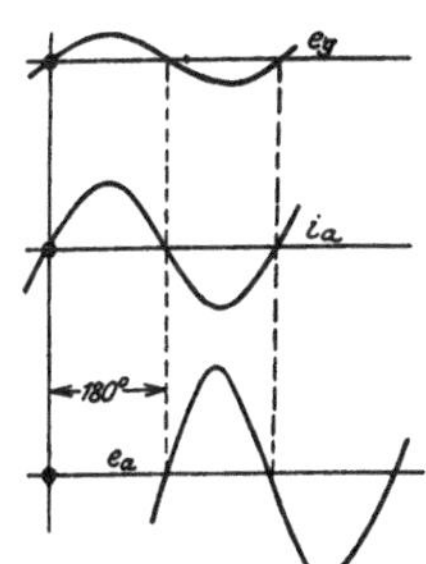

Abb. 82. Phasenverhältnisse bei der Schwingungserzeugung.

Schwingungen zu erregen. Diese Schwingungserregung müssen wir noch von einem anderen Standpunkt aus betrachten.

Bei der Rückkopplung spielen zuerst die **Phasenverhältnisse** eine große Rolle. Wir verstehen unter Phase oder Phasenunterschied das zeitliche Verhältnis einer Schwingung zu einem gewählten Nullpunkt oder zweier Schwingungen zueinander. Bei vereinfachten, theoretischen Untersuchungen betrachten wir den Verlauf eines Wechselstroms als eine sich dauernd wiederholende Sinusschwingung. Eine volle Sinusschwingung teilt man aus mathematisch leicht ersichtlichen Gründen in 360° ein und mißt auch die Zeitdifferenz der Nulldurchgänge zweier verschiedener

Wellen als Phasendifferenz in diesen Zeitgraden. Bei der Rückkopplung zum Zwecke der Schwingungserzeugung spielt nun das Phasenverhältnis der Schwingung im Gitterkreis zu der im Anodenkreis eine entscheidende Rolle. Soll Selbsterregung der Röhre eintreten, so muß, wie eine kleine Überlegung sofort zeigt, die rückgeführte Gitterspannung um 180° phasenverschoben sein gegen die im Anodenkreis auftretende Wechselspannung. [Wird die Gitterspannung positiv, so steigt der Anodenstrom, der Spannungsabfall in der Röhre ($R_i \cdot i_a$) wird größer, die Spannung am Schwingungskreis, der mit der Röhre in Reihe an der Gleichspannungsquelle E_a liegt, wird kleiner, fällt also.]

Untersuchen wir an Hand dieser Betrachtung die Rückkopplungsmöglichkeiten:

1. Spule im Anodenkreis auf Spule im Gitterkreis.

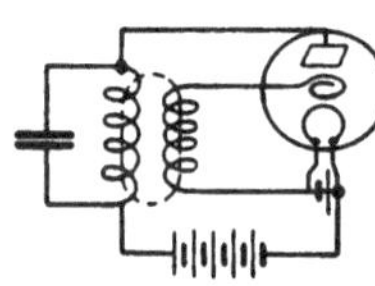

Abb. 83. Induktive Rückkopplung.

Der Anodenwechselstrom wird durch einen Lufttransformator in einen Gitterwechselstrom umtransformiert, der am Gitter eine gleichphasige Wechselspannung erzeugt. Die Untersuchung eines Transformators ergibt, daß die Ströme in den beiden Wicklungen um 180° verschoben sind. Die Anordnung ist also zur Selbsterregung geeignet.

2. Rückführung der Energie durch eine Kapazität.

Bei allen Betrachtungen wollen wir voraussetzen, daß der Gitterstrom verschwindet, d. h. eine genügend negative Gitter-

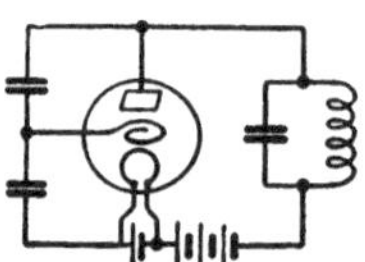

Abb. 84. Kapazitive Rückkopplung.

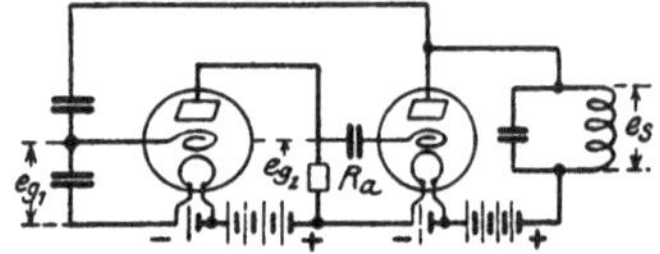

Abb. 85. Kapazitive Rückkopplung von der 2. Röhre.

vorspannung vorhanden ist. Man erreicht eine Selbsterregung besonders leicht bei kapazitiver Rückkopplung durch eine Zweiröhrenschaltung. Es ist die Gitterspannung der ersten Röhre e_{g1} in Phase mit der Wechselspannung am Übertrager- (Kopplungs-)

Widerstand R_a. Diese Wechselspannung ist identisch mit e_{g2}. e_{g2} ist wiederum um 180° gegen $e_{\text{Schwingungskreis}}$ verschoben. Die Schwingungskreisspannung e_s wird nun wieder gleichphasig dem ersten Gitter zugeführt. Es ist also die benötigte 180°-Verschiebung zwischen Erregergitter und Schwingungskreis hergestellt.

Die oben geforderte Phasenverschiebung von 180° ist nun nicht unbedingt für die Selbsterregung notwendig, sie ergibt den Höchstwert. Ist die Verschiebung kleiner, so besteht auch schon eine Schwingungsneigung bis zu einem bestimmten Grade, die je nach den Verlustwiderständen (der Dämpfung) des Schwingungskreises zu einer Schwingungserregung führt oder nur als Schwingungstendenz bestehen bleibt. Diese Schwingungstendenz wirkt wie eine Verringerung der Dämpfungswiderstände des Schwingungskreises, ist also eine **Dämpfungsreduktion**. Wir erhalten so nebenstehendes Bild.

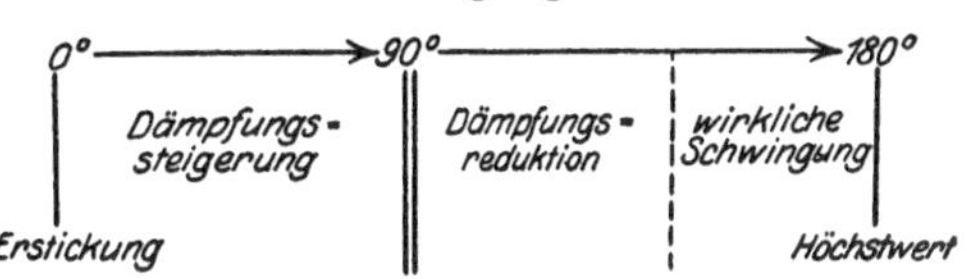

Abb. 86. Phasenverhältnis zwischen Gitter- und Anodenspannung.

Gerade bei Empfangskreisen, wo wir doch mit sehr schwachen Strömen arbeiten, ist die Dämpfungsreduktion kurz vor Einsetzen der wirklichen Eigenschwingung durch die Aufhebung der Verlustwiderstände in der Anordnung sehr nützlich, wie wir unten sehen werden.

Die Dämpfungsreduktion durch Selbsterregung wirkt also wie das Gegenteil eines Dämpfungswiderstandes. Bezeichnen wir einen normalen Widerstand mit positiv, so bildet die durch Rückführung der Energie hervorgerufene Erscheinung einen **negativen Widerstand**. Die Rückführung eines Schwingungsvorganges auf einen negativen Widerstand ist grundlegend für die theoretische Behandlung aller Schwingungserzeuger mit Selbsterregung, wie wir sie in der Drahtlosen benötigen. Eine Untersuchung über Dämpfungsreduktion können wir nun mit dem neuen Begriff auch nach folgendem Gesichtspunkt führen ($B =$ negativer Widerstand):

    1. $B < R$: Zustand der Dämpfungsreduktion. Eine durch einen Stromstoß erregte Schwingung in dem betrachteten Kreise klingt viel langsamer ab als sonst bei Fehlen des negativen Widerstandes.

2. $\mathrm{B} = R$: Resultierende Dämpfung ist 0. Eine durch Fremderregung (Stromstoß) erzeugte Eigenschwingung des Kreises mit negativem Widerstand bleibt in ihrer Anfangsgröße dauernd bestehen. Der Kreis schwingt ad infinitum.
3. $\mathrm{B} > R$: Zustand der Schwingungssteigerung. Auch bei der kleinsten Fremderregung beginnt der Kreis zu schwingen. Die Schwingungsamplitude wächst dauernd.

Bei einem schwingenden Empfänger spielt nicht nur die Dämpfungsreduktion zur Steigerung der Empfindlichkeit eine große Rolle, sondern die leichte Erzeugung von Eigenschwingungen wird bei der Überlagerung für den ungedämpften Empfang benutzt. Bekanntlich unterscheidet man gedämpfte Sender und

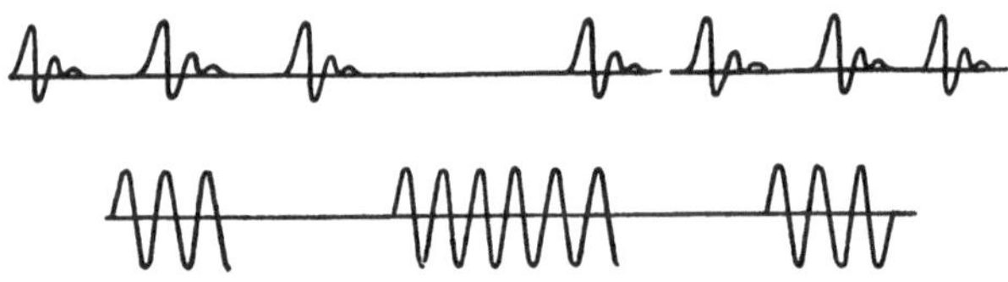

Abb. 87. Unterschied zwischen gedämpften und ungedämpften Sendern.

ungedämpfte. Bei den ersteren, die auf dem Aussterbeetat stehen, ist die ausgesandte Schwingung für ein Morsezeichen nicht eine kontinuierliche (mit gleicher Schwingungsamplitude), sondern jedes Zeichen besteht aus einer Folge von mehr oder weniger stark abklingenden (gedämpften) Schwingungsstößen. Die Schwingungsfrequenz der Senderschwingung liegt über der Hörbarkeitsgrenze des menschlichen Ohres, jeder Schwingungszug aber wird durch die oben beschriebenen Detektoreinrichtungen in einen Stromstoß im Telephonkreis umgewandelt, so daß wir die einzelnen Schwingungszüge der Hochfrequenzsenderschwingung, die sich in Hörfrequenz folgen, mit dem Ohre wahrnehmen können.

Bauen wir aber einen Sender, bei dem $\mathrm{B} \geqq R$ ist, so erhalten wir eine kontinuierliche Senderschwingung, die nur durch die Morsezeichen zerhackt wird. Diese Schwingung hören wir auch nicht im Telephon (Hörbarkeitsgrenze des menschlichen Ohres = 20 000 Schwingungen in der Sekunde), wir müssen sie

anderweitig hörbar machen. Dies geschieht mit Hilfe der Methode
der Schwebungen (der Interferenz). Addieren wir zwei, sagen
wir sinusförmige Ströme
von verschiedener Fre-
quenz und nicht zu stark
voneinander abweichender
Amplitude, so ergibt sich
eine dritte, resultierende
Schwingung, wie die Abbildung zeigt. Die Frequenz

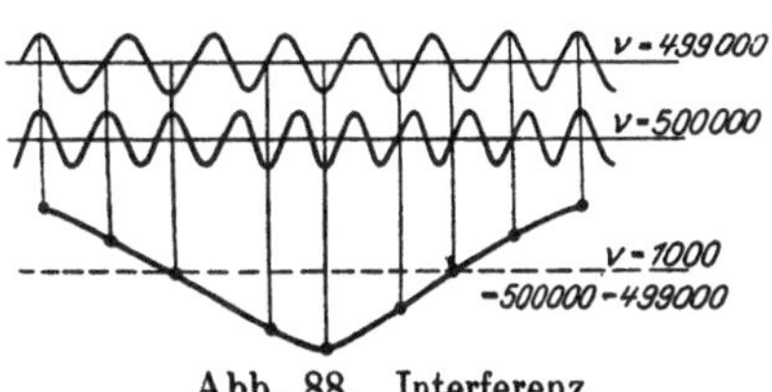

Abb. 88. Interferenz.

dieses dritten Wechselstroms ist gleich der Differenz der Frequenzen
der beiden erzeugenden Wechselströme, also $V_N = V_{H_1} - V_{H_2}$.
(Leicht mit Hilfe des trigonometrischen Additionstheorems nach-
weisbar.)

Gedankengang der Überlagerung beim Empfänger (Hetero-
dynempfang): Die Senderschwingungsfrequenz ist unhörbar
schnell. Ich addiere dazu eine ähnliche Hochfrequenzschwingung
mit einer solchen Frequenz, daß die Differenz aus Hilfsfrequenz
und Sendefrequenz gleich einer Hörfrequenz wird:

Senderfrequenz: 500 000 (^{1}/sek) $\equiv \lambda = 600$ m (Wellenlänge).

Hilfsfrequenz: 499 000 (^{1}/sek) $\equiv \lambda = 601,2$ m.

Audiofrequenz: 1000 (ungefähr c' in der Musik).

Die Additionsschwingung hört man dann bei dem Vorhanden-
sein der im Takte der Morsezeichen verlaufenden Senderschwin-
gungen, während die Hilfsschwingung dauernd aufrechterhalten
wird.

Man hat also zwei Vorteile:

1. Eine sonst unhörbare Hochfrequenzschwingung wird hörbar gemacht.

2. Es tritt eine nicht unerhebliche Verstärkung auf, da
die Amplitude der resultierenden Hörfrequenz gleich der Summe
der Amplituden der Hilfs- und Senderschwingung ist. (Die
Hilfsschwingung wird im Empfänger erzeugt, ist also in ihrer
Amplitude einstellbar.)

3. Störfreiheit: Frequenzen von $^1/_{10}\%$ Differenz noch
unterscheidbar.

Die in der Theorie so einfache Addition einer Hilfsschwingung
wurde in der Praxis erst möglich durch die Verwendung der
Röhre als Schwingungsgenerator (Erzeuger). Anfangs verwandte

man beim Überlagerungsempfang einen getrennten Röhrensender kleinster Dimensionen, den man mit der Empfangsantenne koppelte; jetzt benutzt man in den meisten Fällen die Überlagerröhre gleichzeitig als Empfangsröhre. Wie, das werden die nun folgenden Schaltskizzen zeigen:

1. Einfaches Schwingaudion (Ultraaudion).

In dieser einfachstmöglichen Schaltung mit Überlagerung ist die Eigenschaft der Röhre, Schwingungen bei Rückkopplung zu erzeugen, kombiniert mit der Verstärkungsfähigkeit. Die An-

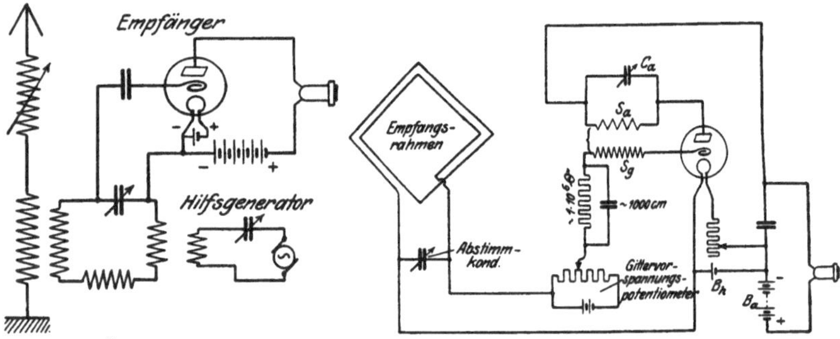

Abb. 89. Überlagerungsempfang.   Abb. 90. Schwingaudion.

ordnung ist nichts anderes als eine kleine Sendevorrichtung, bei der im Anodenkreis noch ein Telephon liegt (Abb. 90). Die Schaltanordnung ist für Rahmenempfang gezeichnet. Die Rückführung der Energie wird durch die Innigkeit der Kopplung zwischen Sa und Sg eingestellt. Man ist also in der Lage, den Zustand der Dämpfungsreduktion oder des Eigenschwingens einzustellen. Durch eine zu starke Überlagerung wird in den meisten Fällen Telephonieempfang zerstört (Sprache wird rauh und kratzend); man wird die Rückkopplung Sa/Sg nur bis zur höchstmöglichen Dämpfungsreduktion einstellen, also bis kurz vor Einsetzen der Schwingungen. Bei Telephonie dürfte Dämpfungsreduktion bei hohen Anforderungen an Tonschönheit nicht verwandt werden, da die modulierte Welle eines Telephoniesenders durch die Besprachung inkonstant ist, und die Dämpfungsreduktion dann verschiedene Werte annimmt. Man erhöht so durch die Einführung eines negativen Widerstandes die Empfindlichkeit sehr stark gegenüber dem gewöhnlichen Audion.

Will man einen ungedämpften Telegraphiesender empfangen, so erregt man durch enge Kopplung Sa/Sg den Kreis $Sa \div Ca$ zu Eigenschwingungen, verstimmt ein wenig gegen die Empfangswelle des Rahmenkreises, um Interferenz zu erhalten, und empfängt die ungedämpften Sender doppelt verstärkt: einmal durch die Verstärkerwirkung der Röhre an sich und zweitens mit der Verstärkung durch den Überlagerungseffekt. Macht man die Rückkopplung zu fest, so wird die Eigenschwingung durch Rauschen und starke Unruhe im Telephon hörbar und setzt die Empfindlichkeit der Anordnung herab.

Über die Dimensionen sei folgendes gesagt: Man stimme den Schwingungskreis $CaSa$ so ab, daß bei möglichst hoher Selbstinduktion von Sa die gewünschte Welle erreicht wird. Der Gitterspule Sg gebe man dann ungefähr 30% mehr Windungen.

Die Schwingaudionschaltung hat den Nachteil, daß das Einstellen der höchsten Dämpfungsreduktion nicht immer ganz einfach ist, daß die Anordnung bei Anschalten einer Niederfrequenz leicht zum Selbsttönen neigt und daß auf jeden Fall die Antenne bei Überlagerung zu starken Schwingungen erregt wird, die Nachbarempfangsstationen empfindlich stören können.

Der letzte Nachteil, der zum Verbot der Rückkopplung auf die Antenne in manchen Ländern führte, hat zu Umkonstruktionen geführt, die in unzähligen Variationen gebraucht werden. Ich will ein Standardbeispiel anführen:

2. Rückkopplung auf den Anodensperrkreis.

Die von der Antenne empfangene Hochfrequenzenergie wird durch die erste Röhre verstärkt. Der Anodenwechselstrom erzeugt nun in der theoretisch unendlich hohen Sperrkreisimpedanz (Impedanz = Wechselstromwiderstand) einen großen Spannungsabfall. Diese Wechselspannung wird dem Gitter der zweiten Röhre zugeführt und verstärkt. Der jetzt verstärkte Strom wird durch die Spulenkopplung Sa_2/Sa_1 rückgekoppelt; wir haben hier wieder eine Selbsterregerschaltung. Verstimmt man den Sperrkreis ein wenig gegen die Empfangswelle, so erzielt man Schwebungsempfang. Diese Schaltung hat den Vorteil, daß die Schwingungen der zweiten Röhre die Antenne wenig beeinflussen, also eine Störung von Nachbarstationen ziemlich ausgeschlossen ist. Sie hat den Nachteil, daß die mit der Selbsterregung verbundene Dämpfungsreduktion in der Antenne kaum in Wirkung tritt, gerade dort, wo man wegen der geringen, noch unverstärkten Empfangsenergien mit den Verlustwiderständen besonders sparsam umgehen sollte. Es ist aber auch hier zu beachten, daß bei sehr starker Rückkopplung die in die Antenne gelangende Schwingungsenergie trotz alledem größere Werte annehmen kann. Einen vollkommenen

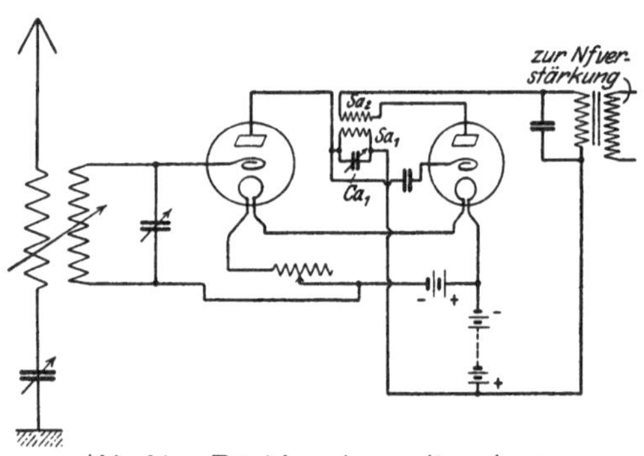

Abb. 91. Rückkopplung mit geringer Antennenbeeinflussung.

Schutz gegen das Mitschwingen der Antenne gewährt eine Vorröhre nur dann, wenn sie mit eigner Heiz- und Anodenbatterie betrieben wird, da in dem anderen Fall die Batterieleitungen immer einen Teil der Schwingungsenergie in die Antenne führen.

Die Rückkopplungsspulen Sa_1 und Sa_2 wähle man ungefähr gleich groß bei möglichst kleiner Kapazität Ca_1 und sorge für eine feine Einstellmöglichkeit der beiden Spulen gegeneinander. Man benutzt am besten kapa-

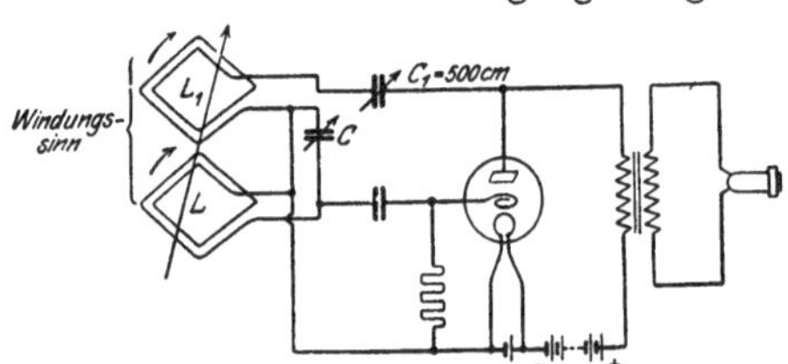

Abb. 92. Verbessertes Schwingaudion nach Leithäuser.

zitätsverringerte Spulen (Stufenspulen, honeycomb, Korbspulen, Duo-lateralspulen) und einen gut konstruierten Spulenhalter.

Die Schaltungen mit induktiver Rückkopplung haben häufig den Nachteil, daß das Einstellen der höchstmöglichen Dämpfungsverringerung kurz vor dem Selbstschwingen nicht ganz einfach ist. Aus diesem Grunde ist das Schwingaudion von G. Leithäuser nach Abb. 92 umgeformt worden.

3. Umgeformtes Schwingaudion.

L ist ein Empfangsrahmen, bei dem durch Abstöpseln beliebig viele freie Windungen abgegriffen werden können. $L_1 \div C_1$ ist der Rückkopplungsschwingungskreis. Mit L und C stimmt man den Empfangskreis ab, der wie üblich an Gitter und Heizkathode liegt. Der Telephontransformator läßt keine Hochfrequenzschwingung durch, die Hilfsüberlagerungsschwingung geht durch die Röhre, L_1 und C_1. Mit C_1 kann der Zustand der Dämpfungsreduktion sehr fein einreguliert werden, so daß die ganze Anordnung höchst empfindlich wird. Man beachte die Phasenverhältnisse.

Bei längeren Wellen ist das Arbeiten mit den großen, vielwindigen Spulen ziemlich kostspielig und umständlich; man greift dann gern zur kapazitiven Rückkopplung. Bei kurzen Wellen ist die kapazitive Rückkopplung nicht so günstig, weil bei ihr die Überlagerungsschwingung schwerer einsetzt und sie sehr empfindlich gegen die Kapazität der umliegenden Gegenstände ist. Schon bei Annähern der Hand ändert sich die eingestellte Wellenlänge um Meter, was bei kurzen Wellen sehr in Frage kommt, bei langen aber gar keine Rolle spielt. Eine typische Schaltung dieser Art ist

4. Die Barkhausen-Schaltung.

Durch den in $C_{\ddot{u}}$ geschaffenen Rückkopplungskanal wird eine beliebig einstellbare Überlagerung erzielt, die bei der stets vor-

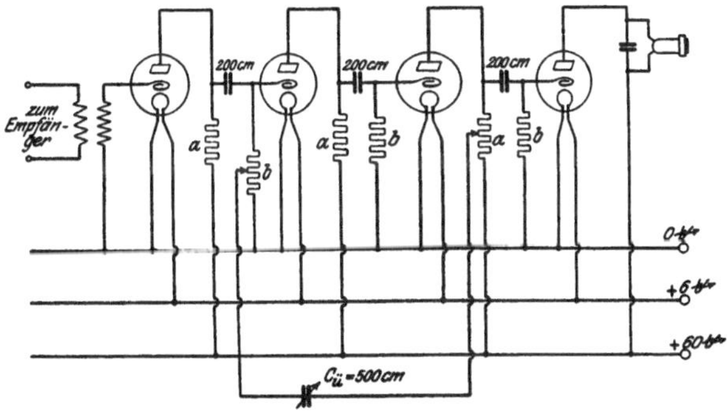

Abb. 93. Barkhausen-Schaltung.

handenen Selbstinduktion zur Selbsterregung führt. Die Schaltung ist in ihrer Einstellung bei Wellenlängen über 1000 m sehr bequem und ermöglicht auch einen klaren Telephonieempfang bei Überlagerung. Eine mathematische Behandlung dieser Anordnung als Schwingungserzeuger findet man im Jahrbuch, Bd. XVII, S. 21: Leithäuser - Heegner, „Über Schwingungserzeugung mittels zweier Elektronenröhren".

Eine Schaltung, die den Schaltanordnungen 2. und 3. in gewisser Beziehung ähnelt, ist

5. Der Reinartz-Kreis.

Wie eine Rücksprache mit Herrn Prof. Leithäuser ergab, ist der Reinartz-Kreis eine recht enge Anlehnung an Schaltung 3.

Der Empfangsstrom geht hier durch die Antenne, den Schwingungskreis $L_1 \div C_1$ zur Erde. Von dem Schwingungskreis $L_1 \div C_1$ wird die Steuerspannung für das Gitter der ersten Röhre abgenommen. Der Rückkopplungskanal ist gebildet durch L_2, C_2.

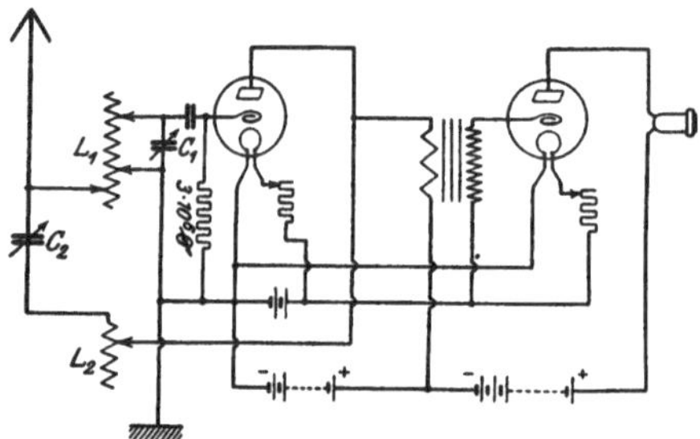

Abb. 94. Der Reinartz-Kreis.

Man wickelt am besten L_1 und L_2 als Korbspulen gleichzeitig auf denselben Spulenstern, so daß eine enge Rückkopplung stattfindet. L_2 hat ungefähr $^1/_3$ der Windungszahl von L_1; beide Spulen werden mit $5 \div 10$ Anzapfungen versehen. Durch den Kondensator C_2 wird die Überlagerung fein eingestellt. Der Kreis ist einer der besten für Telephonieempfang auf kurzen Wellen trotz der kapazitiven Rückkopplung. Er eignet sich recht gut für den Lautsprecherbetrieb. Für letzteren ist in der gegebenen Schaltanordnung als zweite Niederfrequenzröhre eine Starkstromröhre mit Zusatzanodenbatterie gezeichnet. Die Anordnung arbeitet ausgezeichnet und gibt auch bei großen Entfernungen gute Lautstärken, während Nebengeräusche vollkommen fehlen. Auf größeren Wellenlängen als 2000 m arbeitet der Reinartz-Kreis

nicht mehr günstig. Eine in letzter Zeit beliebt gewordene Ausführungsform zeigt die folgende Abb. 95.

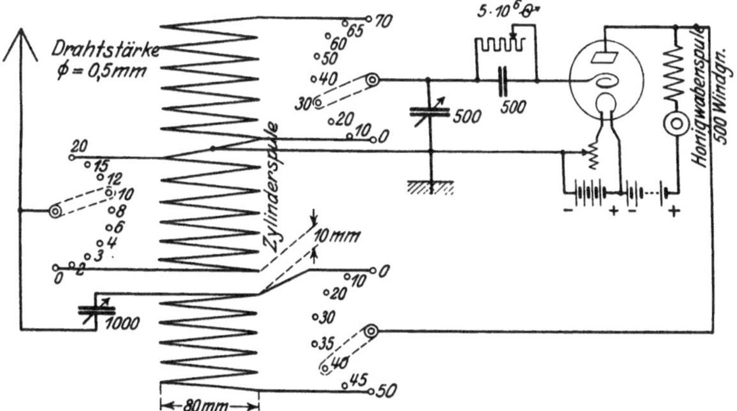

Abb. 95. Praktische Ausführung des Reinartz-Kreises.

Als hochempfindliche Schaltung für Telephonieempfang auf
kurzen Wellen möchte ich noch einen Kreis erwähnen, der mit
einfacher Einstellung gute Empfindlichkeit, Störfreiheit und
Billigkeit vereinigt:

6. Der H-R-10-Kreis.

Bei dieser Schaltung erspart man die teuren, kapazitäts-
verringerten Spulen und erreicht trotzdem eine sehr feine Einstellung der Dämpfungsreduktion und der Selbstüberlagerung.
Der Schwingungskreis $L \div C$ ist der Empfangskreis; er liegt über
2 und C_R am Gitter und über 1 und dem $2\,\mu F$ Überbrückungs-

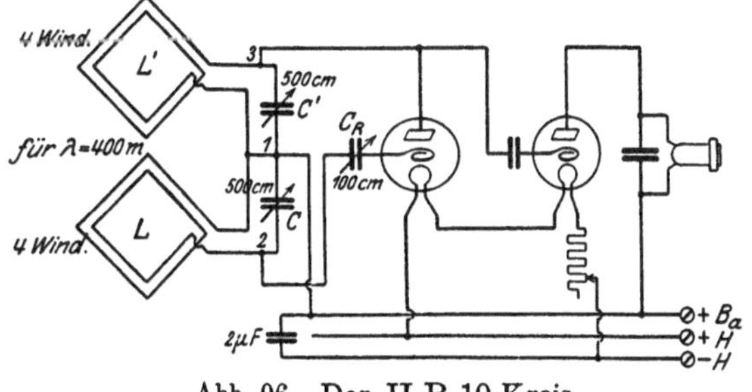

Abb. 96. Der H-R-10-Kreis.

kondensator am Heizfaden. Der Anodensperrkreis $L'C'$ liegt wie üblich über *3* zwischen Anode *I*÷Gitter *II* und über *1* an der Anodenbatterie. *L* und *L'* sind die gleichsinnig gewickelten Hälften eines Empfangsrahmens, der in der Mitte (Punkt 1) angezapft ist. Es ist also der Anodensperrkreis mit dem Empfangskreis gekoppelt; der Grad der Rückkopplung wird durch den variablen Rückkopplungsweg C_R eingestellt. Die Montage ist sehr einfach, man gibt dem Rahmen die doppelte Windungszahl, die er als einfache Empfangsspule haben sollte, *C* und *C'* sind 500-cm-Drehkondensatoren, C_R ein 100-cm-Drehkondensator.

Es gibt noch eine große Anzahl von Selbstüberlagerungsschaltungen, die sich aber in den meisten Fällen auf die angegebenen Grundschaltungen zurückführen lassen. In allen Fällen muß man darauf achten, daß man in diesen Schaltungen Röhren mit großer Steilheit und kleinem Durchgriff verwendet, also enges Gitter mit kleinem Radius. Eine Röhre, die nicht leicht schwingt, kann einem das Arbeiten mit diesen Schaltungen sehr sauer machen.

V. Die Röhre mit mehreren Hilfselektroden.

Versucht man eine Empfangsschaltung der drahtlosen Telegraphie zu verbessern, so hat man dazu zwei Wege. Es ist entweder die Schaltung an und für sich verbesserungsbedürftig oder man sucht die Leistungsfähigkeit der Röhre zu steigern. Den ersteren Weg werden wir im Kapitel VI beschreiben, der letztere wird uns jetzt beschäftigen. Wir haben also die Aufgabe, je nach der Problemstellung die Verstärkerfähigkeit, die Detektorwirksamkeit oder die Schwingungsneigung einer Röhre zu steigern. Eine Lösung unserer Aufgabe ist

a) Die Doppelgitter-Röhre.

Als wir die Physik der Verstärkerröhre besprachen, lernten wir die wichtigen Begriffe: $D = $ Durchgriff und $S = $ Steilheit kennen. Unter D verstanden wir den Einfluß der Anodenspannung auf die Kathode im Verhältnis zum Einfluß der Gitterspannung und S nannten wir die Steilheit der Charakteristik der Röhre, d. h. die Steilheit des Anstiegs der $i_a = f(e_g)$-Kurve. Eine nicht komplizierte Rechnung zeigt nun, daß die Verstärkung einer Röhre von obigen beiden Größen im folgenden Sinne abhängig ist:

$$\alpha \text{ prop. } \sqrt{\frac{S}{D}}\,.$$

α = Verstärkungswirkung.

Soll also die Verstärkungswirkung einer Röhre möglichst hoch getrieben werden, und das ist ja das Ziel bei allen Empfangsanordnungen, so muß S recht groß und D recht klein sein. Nun zeigt aber eine einfache Maximumsaufgabe, daß die Größe des Ausdrucks $\sqrt{\frac{S}{D}}$ sich nicht beliebig, durch geschickte Röhrendimensionen vielleicht, ins Unendliche steigern läßt, sondern einen bestimmten, endlichen Grenzwert hat. Dieser Wert von α liegt bei Eingitter-Röhren zwischen 10 und 15. Der Grund für diese Begrenztheit der Verstärkungsziffer liegt in folgenden beiden Erscheinungen:

1. Die verzögernde Wirkung des Raumladungseffekts.
2. Die Anodenrückwirkung.

Das Entstehen der Raumladung ist oben schon behandelt. Es ist klar, daß die um den Heizfaden lagernde Elektronenwolke die Verstärkung sehr ungünstig beeinflußt. Schottky hat aus diesem Gedanken heraus ein Hilfsgitter zwischen Heizfaden (Kathode) und Steuergitter eingefügt, das gerade soviel positive Spannung erhält, um die negative Raumladung aufzuheben, zu neutralisieren. Hierdurch erreicht man zu mindestens eine Ersparnis an Anodenspannung, die ja früher bei der Eingitter-Röhre um ein beträchtliches erhöht werden mußte, um die schädliche Raumladung zu beseitigen. Für das Hilfsgitter braucht man nur eine Spannung von $+\,2 \div 4\;V$, die man einfach von der Anodenbatterie abzapft.

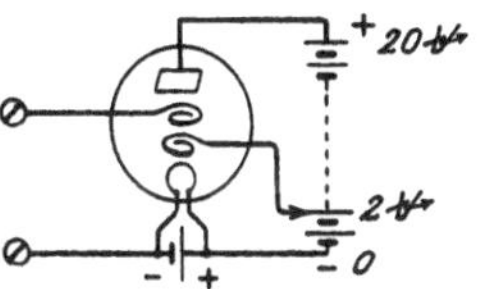

Abb. 97. Hilfsgitter zur Aufhebung der Raumladung.

Dieser Vorteil durch Herabsetzung der Anodenspannung ist aber nicht der einzige. Wie wir in den einleitenden Kapiteln gesehen haben, erhalten die Elektronen, die mit geringer Geschwindigkeit aus dem Heizfaden austreten, durch den Einfluß des Anodenfeldes eine große Beschleunigung, so daß sie mit immer größer werdender Geschwindigkeit auf die Anode zufliegen. Es ist nun klar, daß man die Elektronen um so besser steuern, d. h. in ihrer Bewegungsrichtung beeinflussen kann, je langsamer sie fliegen. (Bei großer Geschwindigkeit ist ihre Wucht [kinetische Energie] sehr groß, ich brauche also eine große Leistung, um sie abzubremsen oder noch mehr zu beschleunigen.) Es ist also immer nachteilig, mit großen Anodenspannungen zu arbeiten, wenn man hochempfindliche Anordnungen schaffen will. Hier liegt ein zweiter Vorteil der Doppelgitter-Röhre. Diese Wirkung kann man aber noch weiter steigern, indem man durch geschicktes Abwägen der Hilfsspannung gegen die Anodenspannung, die Elektronen zwar von der hemmenden

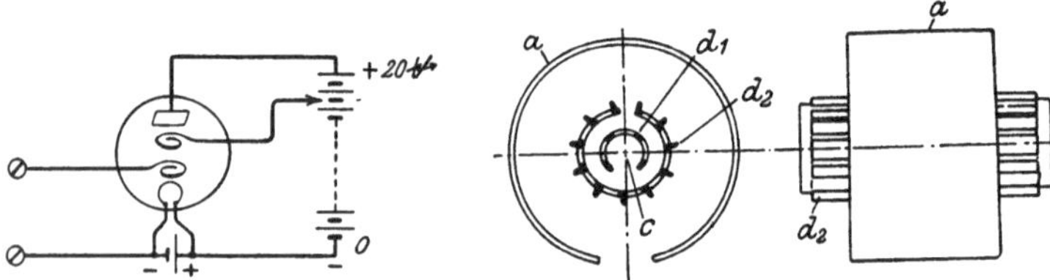

Abb. 98. Hilfsgitter zur Aufhebung der Anodenrückwirkung.

Abb. 99. Anordnung von zwei Gitterelektroden von Siemens & Halske.

Raumladung befreit, aber doch nur mit ganz geringer Geschwindigkeit durch das Steuergitter hindurchgehen läßt. Es werden dann schon ganz geringe Steuerspannungen große Strombeeinflussungen ergeben. Man erhält dadurch in der Doppelgitter-Röhre einen Apparat, der für Hochfrequenzverstärkung, wo man eine niedrige Reizschwelle verlangt, ganz vorzüglich ist.

Als zweiter Hinderungsgrund ist oben die Anodenrückwirkung genannt. Man versteht darunter die durch das Schwanken der Anodenspannung bei sich änderndem Anodenstrom hervorgerufene Rückwirkung auf die Elektronenemission des Heizfadens. Die Elektronenemission war eine Funktion der Anodenspannung (bei Berücksichtigung der Raumladungswirkung und bei konstanter Heiztemperatur); sinkt nun die Anodenspannung bei Änderung des Anodenwechselstroms, so läßt auch der Emissionsstrom nach. Diesen Nachteil hebt Schottky durch eine andere Anordnung des Hilfsgitters in seiner Doppelgitter-Röhre auf. Er legt das Hilfsgitter zwischen Steuergitter und Anode und versieht es mit einer konstanten Schutzspannung. Dieses Schutzgitter sorgt also gewissermaßen für einen konstanten Emissionsstrom.

Vergleich beider Typen:

1. **Zuggitterschaltung:** Verstärkung 25 fach; niedrige Reizschwelle; Hochfrequenzschaltungen. (Anordnung besitzt in den meisten Fällen eine gute Schwingungsneigung.)

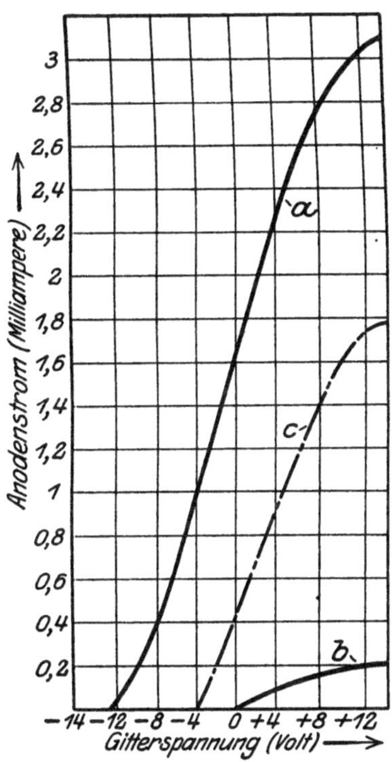

Abb. 100. Zweigitter-Elektrodenröhre von Siemens & Halske.

Abb. 101. Charakteristiken der Zweigitter-Elektrodenröhren (a b.)

2. **Schutzgitterschaltung:** Verstärkung 35 fach; Niederfrequenzverstärkung.

Eine viel in die Praxis gekommene Doppelgitter-Röhre ist die „Siemens-Schottky"-Doppelgitter-Röhre SS 1. Sie ist als Schutzgitter-Röhre gebaut, arbeitet aber auch gut als Raumladegitter-Röhre. Sie verbraucht:

$$0{,}4 \text{ A Heizstrom,}$$
$$2{,}4 \text{ V Fadenspannung,}$$
$$10\text{—}30 \text{ V Anodenspannung.}$$

Eine als Doppelgitterröhre mit Raumladenetz gebaute Type ist die Telefunkenröhre RE 26 (Abb. 102, 103). Ihre elektrischen Daten sind folgende:

Anodenspannung . . . . 16 Volt,
Hilfsgitterspannung . . . . . 2—6 Volt.
Heizspannung . . . . 4 Volt,
Heizstrom . . . . 0,5 Ampere.

Diese Röhre wird in nächster Zeit auch als Miniwattröhre geliefert werden, so daß derartige Röhren eine doppelte Ersparnis durch geringe Anodenspannung und geringe Heizleistung bieten.

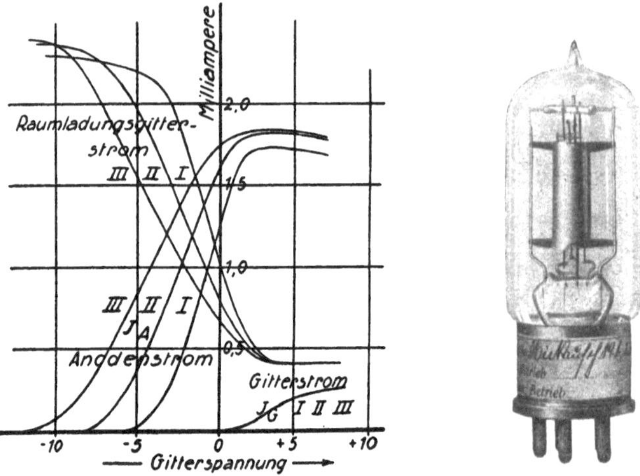

Abb. 102 und 103. Telefunken RE 26.

Die Doppelgitterröhre D VI der Philipswerke zeigt in ihrer Kennlinie die beigefügte Abbildung. Diese Röhre wird auch schon seit einiger Zeit von den holländischen Philipswerken (Eindhoven) als Miniwattröhre geliefert. Diese Röhre arbeitet fast gleich gut in beiden Anordnungen und hat sich in der Praxis gut bewährt.

Man kann nun die Wirkungen der obigen beiden Anordnungen kombinieren und kommt so zu einer Dreigitter-Röhre. Eine solche Röhre besitzt dann eine Heizkathode, ein Zuggitter, ein Steuergitter, ein Schutzgitter und eine Anode. Diese Type ist von Siemens & Halske ausgeführt worden und zeigte eine Verstärkung von

$$\alpha = 950!$$

Im Gegensatz zu den Schaltungen b), die in Amerika besonders ausgebaut sind, arbeitet die Dreigitter-Röhre, Modell 63, sehr stabil und zuverlässig, braucht also nicht wie die Pliodynatrone alle Augenblicke nachgestellt zu werden.

Für die Einführung der Mehrgitter-Röhre in die Schaltanordnungen ist nur zu sagen, daß bei der hohen Empfindlichkeit der

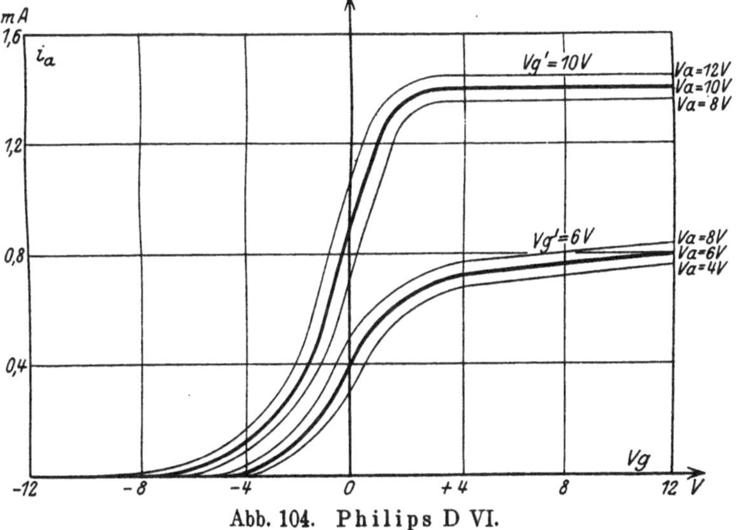

Abb. 104. Philips D VI.

Röhre irgendwelche ungewollten Beeinflussungen, wie kapazitive Rückkopplungen usw., ganz besonders zu vermeiden sind. Die Röhren dieser Art geben besonders bei den im folgenden Kapitel beschriebenen Höchstökonomieschaltungen hervorragend gute Resultate.

b) Das Pliodynatron.

Das Pliodynatron ist in Amerika entwickelt worden, hat aber trotz seiner enormen Verstärkungsziffern und seiner vielseitigen Anwendungsmöglichkeiten wenig Eingang in die Praxis gefunden. Es ist wegen seiner In-

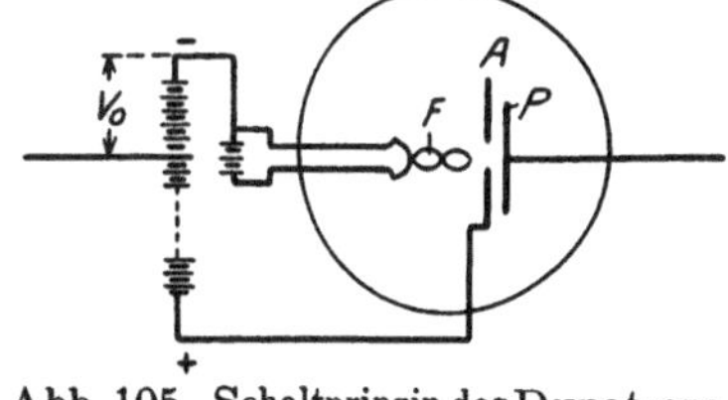

Abb. 105. Schaltprinzip des Dynatrons.

stabilität und der Notwendigkeit der dauernden Einregulierung nur ein Laboratoriumsgerät geblieben. Zum Verständnis seiner Wirkungsweise müssen wir zuerst das Dynatron betrachten. Einer Glühkathode ist eine durchlochte Anode gegenübergestellt, das Ganze wird von einer Platte eingeschlossen. Bringe ich die Anode auf eine feste Anodenspannung von z. B. 200 V, so werden die aus dem Glühfaden austretenden Elektronen mit einer bestimmten Geschwindigkeit auf die Anode zufliegen und einige werden durch die Anodenlöcher auf die Platte gelangen und dort verschluckt werden. Steigere ich nun die Spannung der Platte von 0 V an bis auf hohe positive Werte, so erlangen die Elektronen, die auf die Platte aufprallen, eine derartige Geschwindigkeit, daß sie auf der Platte die eigenartige Erscheinung der „Sekundärelektronen" hervorrufen. Ein jedes aufprallendes Elektron ist nämlich befähigt, wenn es mit genügender Wucht eintrifft, einige freie Elektronen aus dem Materialzusammenhang der Platte heraustreten zu lassen. Bei genügender Geschwindigkeit kann nun ein jedes aufprallendes Elektron bis 50 sekundäre Elektronen auslösen. Diese Sekundärelektronen fließen nun wegen der höheren Spannung der Anode auf diese zurück, weil sie eine ganz geringe Anfangsgeschwindigkeit haben und so dem Einfluß der Anode vollkommen unterworfen sind. Der Emissionsstrom (Abb. 108), der zuerst angestiegen war (bis A), fällt nun durch die entgegenfließenden Sekundärelektronen ab, und bei einer bestimmten Plattenspannung ist der sekundäre Elektronenstrom so groß wie der primäre; der außen meßbare Elektronenstrom ist also 0. Bei weiterer

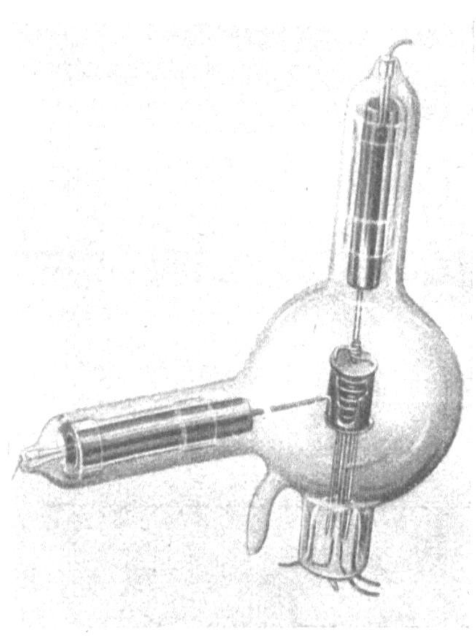

Abb. 106. Dynatron.

Steigerung der Plattenspannung überwiegt sogar der sekundäre
Elektronenstrom, der Gesamtstrom wird negativ. Bauen wir

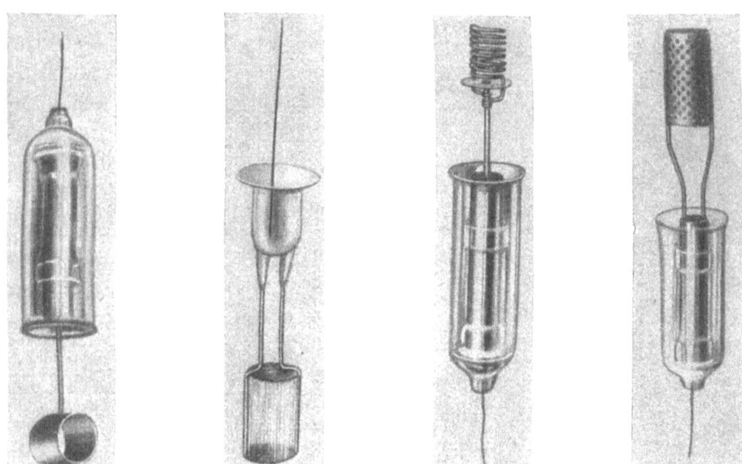

Abb. 107. Elektrodenanordnung des Dynatrons.

also das Dynatron in einen Kasten ein, so daß nur der Heizan-
schluß und die Anschlußklemme der Platte heraussehen würde,
so würde der Experi-
mentator feststellen,
daß bei diesem Ap-
parat bei Steigerung
der Spannung zwi-
schen zwei Punkten
(den Klemmen) der
Strom abfällt, gerade
im Gegensatz zum
Ohmschen Gesetz.
Wir haben also wie-
der vor uns einen

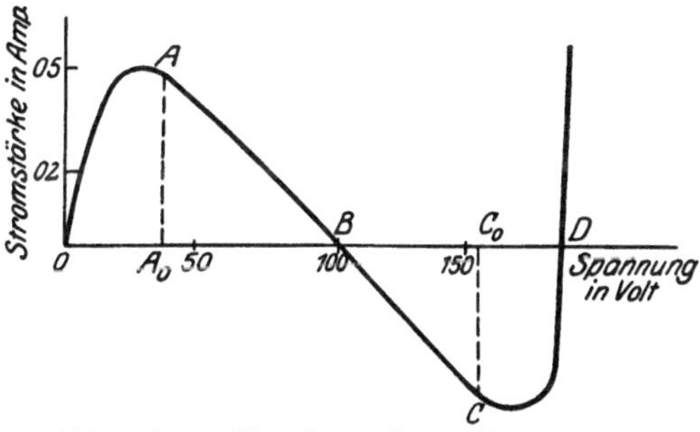

Abb. 108. Charakteristik des Dynatrons.

„negativen Widerstand", der ja bekanntlich (Kapitel IV c) ein idealer
Schwingungserzeuger oder wenigstens Dämpfungsverminderer ist.

Es ist nun einfach, einzusehen, daß man wie bei einer gewöhnlichen Eingitterröhre jetzt noch den Emissionsstrom durch

ein Steuergitter beeinflussen kann, das den Heizfaden umgibt.
Durch die Einführung eines solchen Steuergitters kommen wir
zum Pliodynatron. Das Pliodynatron vereinigt so die Eigenschaft einer Ein-
gitter-Röhre(Plio-
tron) mit der Wir-
kung des negati-
ven Widerstandes
beim Dynatron.
Durch die Dämp-
fungsreduktion
des letzteren ist
natürlich eine aus-
gezeichnete Ver-
stärkerwirkung
möglich. In der
Tat erzielt man
mit dieser An-

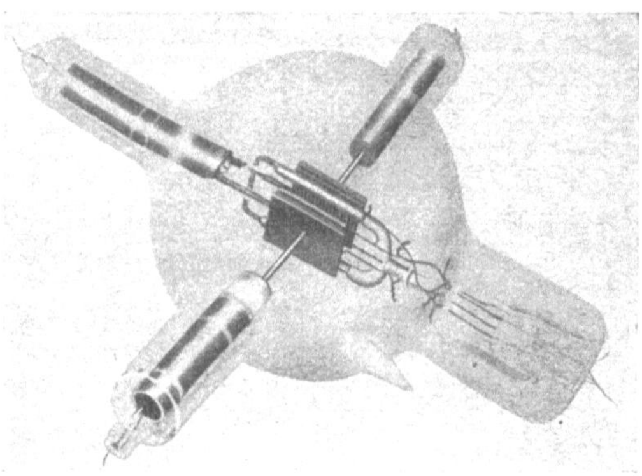

Abb. 109.   Pliodynatron.

ordnung eine sehr große Verstärkung bis zu 2000 in einer Röhre.
Es ist also mit 2 Pliodynatron in Reihe möglich, mit einer
aperiodischen Antenne zu empfangen, d. h. man erhält den von
Dr. S. Loewe im „Radio-Amateur", Heft 4, 1923 beschriebenen
„Sammelempfang". Die Anordnung hat aber den großen Nachteil, daß bei geringster Inkonstanz der Batterien die Röhre un-
sicher arbeitet und den Verstärkungsgrad sehr ändert. Ich habe
das Pliodynatron nur beschrieben, weil es in verschiedenen Abarten sehr aussichtsreiche Anwendungen zuläßt und daher einige
deutsche Laboratorien beschäftigt. Es lassen sich auch in der
Pliodynatronschaltung deutsche Doppelgitter-Röhren (SS 1, K 8)
mit Erfolg verwenden.

VI. Die Höchstökonomieschaltungen.

In diesem Kapitel wollen wir versuchen, die Schaltungen
durch weitergehende Ausnutzung alter Prinzipien zu verbessern,
um so die uns in der Empfangstechnik gestellten Probleme auf
die eleganteste und billigste Weise zu lösen. Wir haben gesehen,
daß sich im großen und ganzen die Empfangstechnik der äußerst
schwachen Telegraphie- und Telephonieempfangswechselströme
auf zwei Prinzipien aufbaut:

1. Die Verstärkerwirkung der Röhre;
2. die Erzeugungsmöglichkeit einer Dämpfungsreduktion durch die Röhre (negativer Widerstand).

Das Prinzip 1 ist im Kapitel V in seinen Verbesserungen durch die Mehrgitter-Röhren behandelt worden und wird noch eine weitere Lösung des Problems durch die Doppelverstärkungsschaltungen, die unter VIb beschrieben werden, finden. Die überraschendsten Wirkungen hat aber der Ausbau des zweiten Prinzips gezeigt:

a) Die Überrückkopplung.

Wir sahen im Abschnitt über den schwingenden Empfänger, daß nicht nur die Rückkopplung als Empfangsmöglichkeit für ungedämpfte Sender eine große Bedeutung hat, sondern auch

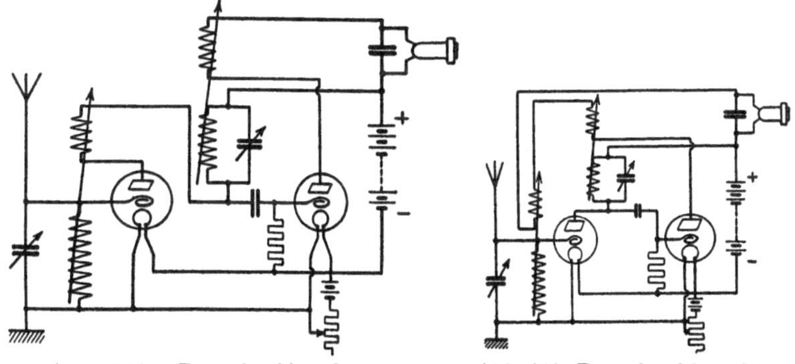

Abb. 110. Doppelrückkopplung. Abb. 111. Doppelrückkopplung.

als Empfindlichkeitssteigerung des Empfängers durch die Einführung einer Dämpfungsreduktion. Wir sahen aber auch, daß diese Dämpfungsverminderung in dem Kreis nur auftritt, auf den rückgekoppelt wird, sei es die Antenne oder sei es ein Anodensperrkreis. Nichts ist nun einfacher in der Theorie, als die Rückkopplung auf mehrere Kreise anzuwenden und in diesen Kreisen die Vorteile der Dämpfungsreduktion zu genießen. Es entstanden so die Kreise mit Doppelrückkopplung. Zwei dieser Schaltungen zeigen die Abb. 110 und 111. In der ersten Schaltung, die sonst eine einfache Zweiröhrenschaltung mit Kopplung durch abgestimmten Anodenkreis ist, wird von der ersten Anode auf die Antenne, von der zweiten auf den Sperrkreis rückgekoppelt.

Bei der zweiten wird die rückgeführte Energie von der zweiten Röhre allein geliefert, also von dort auf Antenne und Sperrkreis rückgekoppelt. Beide Schaltungen liefern zwar nicht eine sehr viel größere Lautstärke als normale Schaltungen, haben aber eine größere Empfindlichkeit für Fernempfang, was ja leicht einzusehen ist.

Man hat diese Schaltungen noch weiter getrieben und ist zu Drei- und Vierfachrückkopplungen übergegangen. Bei diesen Schaltungen überwiegt aber der Nachteil der komplizierten Einstellung und der außerordentlichen Pfeifneigung gegenüber dem Vorteil der Empfindlichkeitssteigerung.

Will man bei einer Rückkopplungsschaltung zur Erzielung einer möglichst hohen Dämpfungsreduktion die Kopplung sehr

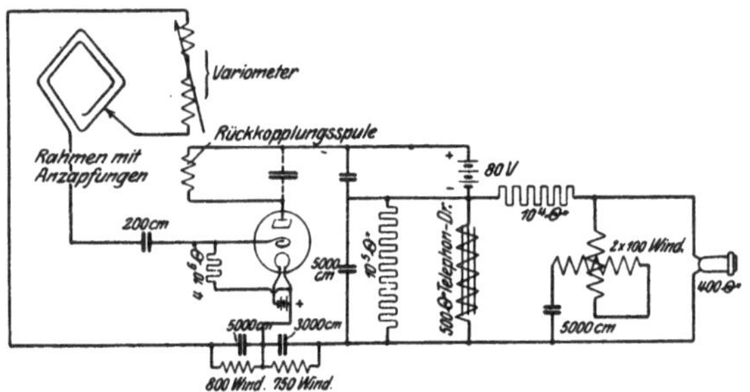

Abb. 112. Armstrong-Überrückkopplung.

fest machen, so fängt die Anordnung unweigerlich an zu schwingen (zu tönen), daß jeder Empfang übertönt wird, trotz oder wegen der hohen sonstigen Empfindlichkeit der Schaltung. Der Wunsch, die extreme hohe Empfindlichkeit bei $\beta > R$ (siehe Kapitel VI c) auszunutzen und trotzdem die Schwingungen, die jeden Empfang zerstören, zu unterdrücken, führte zu den Armstrong- und Flewelling-Schaltungen.

Beiden Schaltungen liegt der ähnliche Gedanke zugrunde. Man macht die Rückkopplung so eng, daß Schwingungen mit wachsender Amplitude von selbst eintreten müssen ($\beta > R$). Dann überlagert man aber über diese Eigenschwingung, die sich mit dauernd wachsender Amplitude vollziehen würde, eine niederfrequente Schwingung, dadurch, daß man im Tempo einer solchen Schwingung durch wechselnde Gitterspannungen den negativen Widerstand der Schaltung oder den po-

sitiven vergrößert und verkleinert. Liegt nun der Mittelwert
der Schwankung auf 0 oder im positiven Gebiet, so können keine
Eigenschwingungen entstehen, sie werden erdrosselt und man
hat doch in den entsprechenden Halbperioden der Drosselschwingung den Vorteil des hohen negativen Widerstandes.

Die Variation des negativen oder positiven Widerstandes
wird durch geeignete, niederfrequente Schwingungskreise (hohe
Kapazität, hohe Selbstinduktion) erzeugt. Der Armstrong-
und der Flewelling-Kreis unterscheiden sich durch die Anordnung dieser Drosselfrequenzkreise.

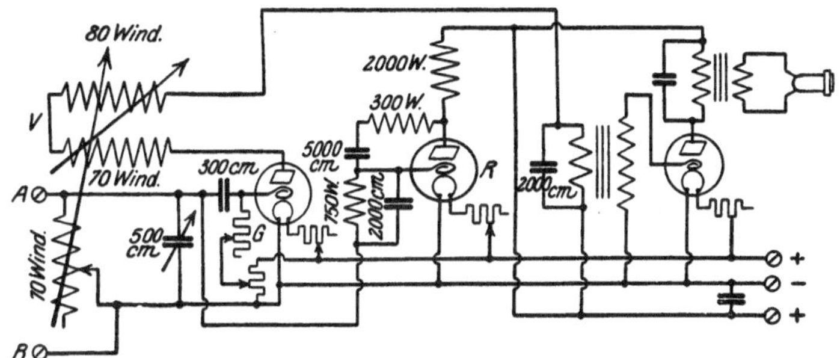

Abb. 113. Armstrong-Überrückkopplung.

A = Zur Antenne; B = Zur Erde. (Es ist aber immer besser, die Arm-
strong-Kreise mit Rahmen zu benutzen.)
V = Rückkopplungsvariometer.
G = Veränderlicher Gitterwiderstand ($1 \div 6 \cdot 10^6\ \varOmega$).
R = Die Röhre zur Erzeugung der Drosselfrequenz.

Die gezeichnete Rahmeneinröhrenstation hat bei richtiger
Einstellung eine sehr große Empfindlichkeit. Ein Haupterfor-
dernis aller dieser „Super"-Schaltungen ist, daß man die Drosselfrequenz über der Hörfrequenz (20 000 1/sek) wählt, da sonst
jeder Telephonieempfang unverständlich bleibt. Es ist nun nicht
ganz leicht, die Drosselschwingung so hoch zu bringen,
man wird immer bei Armstrong- und Flewelling-Kreisen mit
einer etwas rauhen Sprache rechnen müssen. Einen überaus hochempfindlichen Armstrong-Kreis mit 3 Röhren zeigt
Abb. 113.

Mit dieser Schaltung ist es möglich, amerikanische Amateur-
telephonie mit einem 1-m²-Rahmen auf dem Kontinent zu

hören. (Nur als Rekordleistung bei äußerst günstigen Witterungs-
bedingungen.)

Von den Flewelling-Kreisen, die im Prinzip den Armstrong-
Kreisen ähneln, möchte ich noch zwei Schaltungen geben.

Der Vorteil der Flewelling-Schaltungen liegt darin, daß sie
einfacher zu handhaben sind und daß sie nicht so hohe Anodenspannungen wie die Armstrong-Schaltungen benötigen.

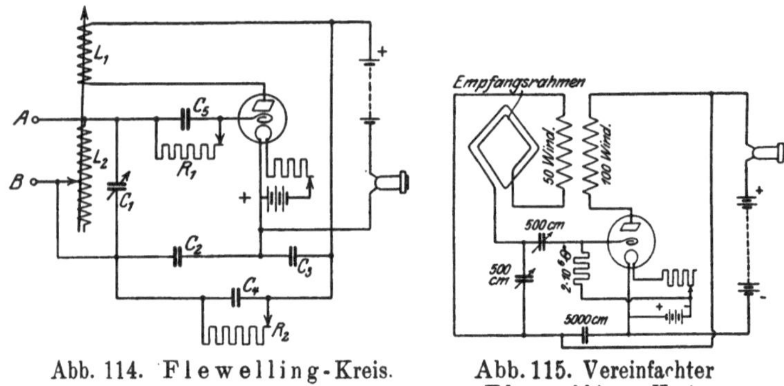

Abb. 114. Flewelling-Kreis.   Abb. 115. Vereinfachter
                                        Flewelling-Kreis.

Zeichenerklärung zu Abb. 114.

A, B Zur Antenne.
$L_1 = 50 \div 75$ Windungen (kapazitätsverringerte Spulen).
$L_2 = 50 \div 75$ W.
$C_1 = 500$ cm; C_2, C_3, $C_4 = 5000$ cm (Drosselfrequenzkreis).
$C_5 = 300$ cm; R_1, $R_2 = \infty\, 2 \cdot 10^6\, \Omega$ (am besten veränderliche Widerstände).

Eine zweite, noch sehr vereinfachte Schaltung gibt Abb. 115.

Es ist bei beiden Systemen, Armstrong und Flewelling, am
besten, einen Rahmen zu verwenden. Für die Kopplungsspulen
und für die sonstigen Selbstinduktionen sind kapazitätsverringerte
Spulen zu verwenden.

b) Reflexschaltung oder Doppelverstärkung.

Der Gedanke der Doppelverstärkung ist schon so alt wie die
Verwendung der ersten Niederfrequenzverstärkung. Das Prinzip
ist fast selbstverständlich. Nehmen wir an, wir hätten einen
Verstärker, in dem eine Röhre als Hochfrequenzverstärker
arbeitet, eine zweite als Detektor, eine dritte als Niederfrequenz-

verstärker. Warum sollte man hier nicht die erste und zweite Röhre, die durch die schwachen Hochfrequenzströmchen im geradlinigen Teil ihrer Charakteristik gar nicht ausgenützt werden, zur nochmaligen Niederfrequenzverstärkung des Stromes der dritten Röhre heranziehen? So einfach und naheliegend dieser Gedankengang auch ist, so hat es doch sehr viele Mühe gekostet, bis im letzten Jahre der erste brauchbare Doppelverstärker herausgebracht wurde. Die ersten Versuchsapparate, in denen man die Hochfrequenzröhren auch noch zu einer Niederfrequenzverstärkung heranziehen wollte, litten alle an einer ganz hysterischen Schwingungserregbarkeit, und erst durch den Umweg über einen Detektor gelang es, einen verwendbaren, zuverlässig arbeitenden Verstärker zu schaffen.

Einen ganz einfachen Doppelverstärker gibt die untenstehende Zeichnung (Abb. 116). Die Antennenschwingungsenergie wird an das Gitter der Röhre geführt, hier verstärkt und zur Erzeugung großer Spannungsschwankungen im Sperrkreis L, C verwandt. Diese Schwingungsenergie wird durch einen Kristalldetektor D gleichgerichtet und durch den Niederfrequenztransformator (1 : 4) dem Gitter der Röhre wieder zugeführt und nochmals verstärkt. Der niederfrequente Strom kann den nur für die Hochfrequenz abgestimmten Sperrkreis ungehindert

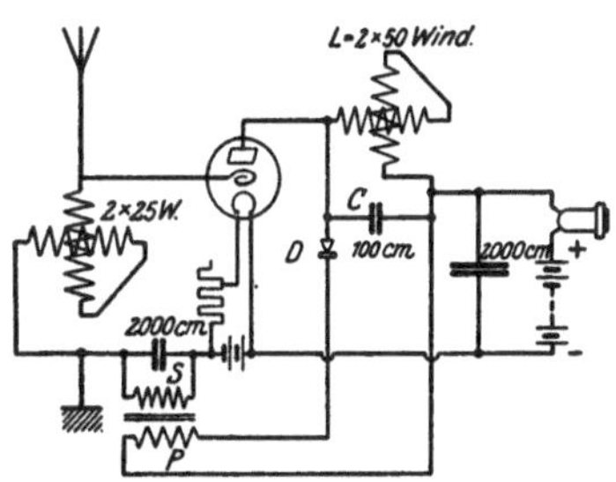

Abb. 116. Einfacher Doppelverstärker.

passieren und wird dem Telephon zugeführt. Wir erreichen also mit einer Röhre: eine Hochfrequenzverstärkung, eine Detektorgleichrichtung und eine Niederfrequenzverstärkung (1 $Hf \div$ 1 D $\div$ 1 Nf). Eine entsprechende Schaltung mit Rückkopplung zeigt die Abb. 117.

Wir können nun leicht das Prinzip auf 2 Röhren ausdehnen und erhalten den „S T 75"-Reflexkreis (Reflexschaltung = Doppelverstärkung) (Abb. 118). Die in der Antenne ($C 1 = 500$ cm, $L 1 = 75$ Windungen für $\lambda = 400$ m) auftretenden Empfangsströme passieren den Niederfrequenztransformator ungehindert über den Überbrückungskondensator $C 3 = 1000$ cm, der als Drehkondensator ausgebildet ist, um Wellenlänge und Dämpfung der Antenne gut anpassen zu können. Die Schwingungsenergie wird hochfrequent durch die erste Röhre verstärkt und dem abgestimmtem Anodenkreis ($C\,2 = 500$ cm; $L\,2 = 75$ W.) zugeführt. Das Telephon bildet hierbei kein Hindernis, da es durch einen 2000-cm-Blockkondensator überbrückt ist. Durch den Anodensperrkreis wird die Energie über den Gitterkondensator $C\,4 = 150$ cm an das Gitter der als Audion geschalteten zweiten Röhre gelegt, hier gleichgerichtet und über den Transformator (1 : 4) dem Gitter der ersten Röhre wieder zugeführt. Eine leichte Rückkopplung $L\,3/L\,2$ ($L\,3 = 100$ W.) gestattet durch Dämpfungsreduktion die Empfindlichkeit und Lautstärke zu erhöhen.

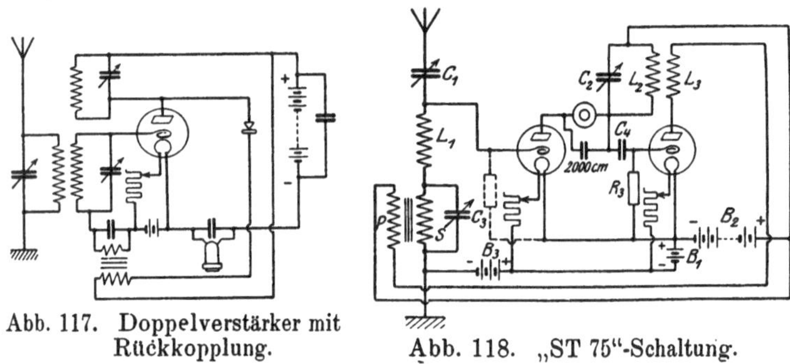

Abb. 117. Doppelverstärker mit Rückkopplung.

Abb. 118. „ST 75“-Schaltung.

Die Sekundärseite des Transformators liegt über die Vorspannungsbatterie $B\,3$ (4 bis 8 Volt) und über die Antennenspule an Gitter und Kathode der ersten Röhre, die nun als *Nf*-Verstärker arbeitet und ihre Energie an das Telephon abgibt. Bei allen Reflexschaltungen, in denen Hochfrequenzverstärkung verwandt wird, ist auf das peinlichste darauf zu achten, daß die betreffende Röhre wirklich als *Hf*-Verstärker arbeitet und nicht als Audion (negative Vorspannung). Ein Verstoß hiergegen zeigt sich dadurch, daß die Verstärkung des ganzen Apparates eine geringe ist und daß man die wirkliche Audionröhre ausschalten kann, ohne daß sich die Lautstärke besonders ändert.

Will man die Röhren noch weitergehend ausnützen, so kann man die Gleichrichtung einem Detektor übertragen und man erhält den ST 100-Kreis (Abb. 119). Der Schaltgedanke bleibt derselbe, ebenso die Dimensionen der identischen Glieder. Als

Detektor ist jeder einigermaßen stabile Detektor zu verwenden, die Sekundärseite des ersten und die Primärseite des zweiten Transformators werden am besten durch Block-kondensatoren von 500 bis 2000 cm Kapazität für die Hochfrequenz-schwingung überbrückt. Das Übersetzungsver-hältnis ist am besten 1 : 2,5 bis 1 : 4. Der hochohmige Widerstand am Gitter der ersten Röhre dient zum Dämp-fen einer eventuell vor-handenen Pfeifnei-gung, er liegt daher am Pluspol der Heizbatterie. Das Ar-beitsschema dieser Schaltung ist also:

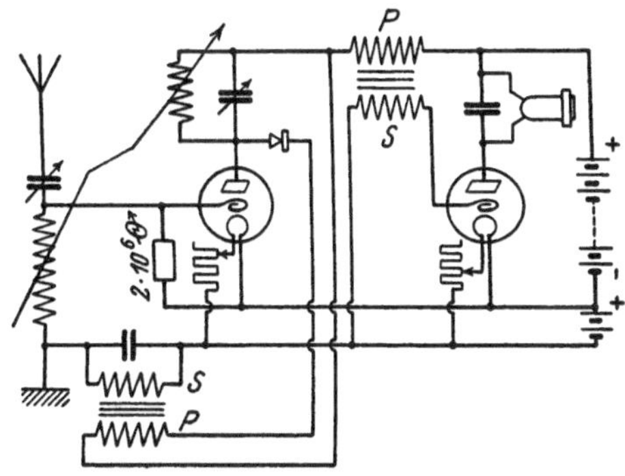

Abb. 119. „ST 100"-Kreis.

1. Röhre 1 $Hf + R$,
Detektor 1 Gl,
1. Röhre 1 Nf,
2. Röhre 1 Nf.

Ersetzt man in der ST 100-Schaltung den Detektor durch ein Audion und fügt ein Audion und fügt

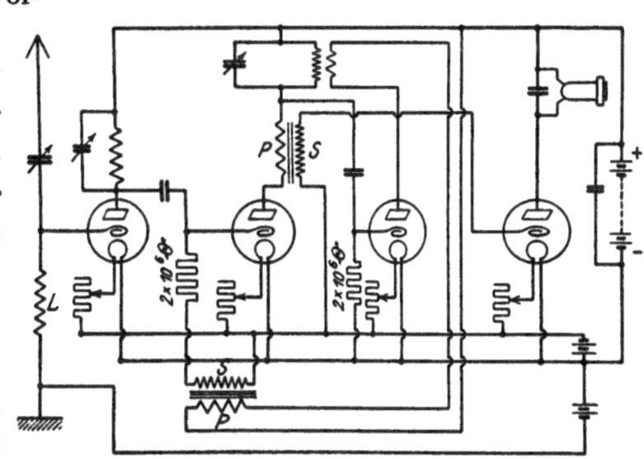

Abb. 120. Doppelverstärkung.

noch eine Röhre Hf-Verstärkung hinzu, so kommt man zu der Schaltung Abb. 120. Mit dieser Anordnung erhalten wir:

1 Hf . . . . 1. Röhre	1 Nf . . . . 2. Röhre
1 Hf . . . . 2. Röhre	1 Nf . . . . 4. Röhre
1 $Dt + R$ . . . . 3. Röhre	

Der Energieverlauf ergibt sich aus diesem Energieschema. Dimensionen für $\lambda =$ ungefähr 400 m:

Antennenspule	75 Wind.	Antennenkondensator	500 cm
1., 2. Sperrkreisspule	100 Wind.	1., 2. Sperrkreiskondensator	500 cm
Rückkopplungsspule	75 Wind.	Telephonblockkondensatoren	3000 cm
Transformatoren	1 : 2,5—1 : 4	Batteriekondensatoren	2 μF
		Gitterkondensatoren	150 cm

Es ist häufig gut, die Primärseite des zweiten Transformators durch einen 1000 cm Kondensator zu überbrücken. Die Gittervorspannungsbatterie hat einen den betreffenden Röhren anzupassenden Wert von 4 bis 8 Volt. Sobald auch hier die 2. oder die 3. Röhre nicht genügend verstärkt, arbeiten die vorderen Röhren nicht als Hochfrequenzverstärker und die Gittervorspannung ist nachzuregulieren.

Die folgende Schaltung, eine Reflexkettenschaltung, sieht zwar etwas kompliziert aus, ist es aber gar nicht so sehr, sie

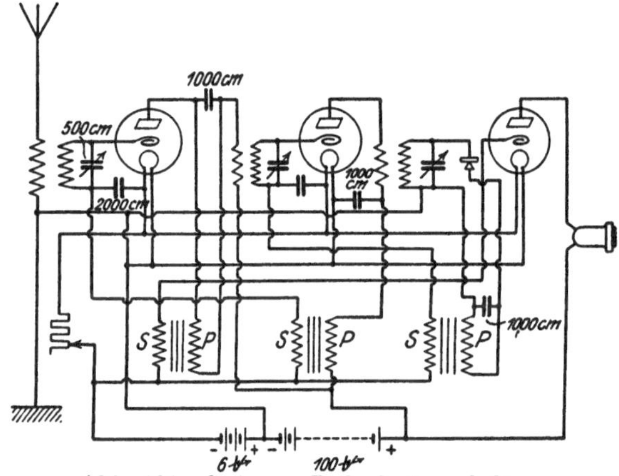

Abb. 121. G r i m e s - Reflexkettenschaltung.

zeichnet sich durch ganz vorzügliche Ergebnisse aus. Ihr Arbeitsschema ist:

1 *Hf* . . . . 1. Röhre			Antenne
1 *Hf* . . . . 2. Röhre	1. Röhre		
1 *Dt* . . . . Kristalldetektor	2. Röhre		
1 *Nf* . . . . 2. Röhre	Kristalldetektor		
1 *Nf* . . . . 1. Röhre	3. Röhre		
1 *Nf* . . . . 3. Röhre			Telephon

Die Wirkungsweise ist wie folgt: Die Antenne kann durch einen Drehkondensator abgestimmt sein, kann aber auch wie in der Zeichnung nur als Wellenzuträger dienen. In diesem Falle hat die Spule nur wenig Windungen, sagen wir 10 bis 12, die Antenne ist also aperiodisch. Die eigentliche Abstimmung und Steigerung der Energie erfolgt erst im Gitterkreis der ersten

Röhre. Die hochfrequent verstärkte Energie erscheint nun im aperiodischen Anodenkreis (Anodenspulen = ungefähr 25 Windungen). Sie wird dann durch eine feste Kopplung auf den zweiten Gitterkreis übertragen und wiederum hochfrequent verstärkt. Im dritten auf Resonanz abgestimmten Kreis entstehen nun schon recht starke Stromschwankungen, die durch den Detektor gleichgerichtet der Primärseite des ersten Transformators zugeführt werden. Die Spannungsschwankungen an den Enden der Sekundär-

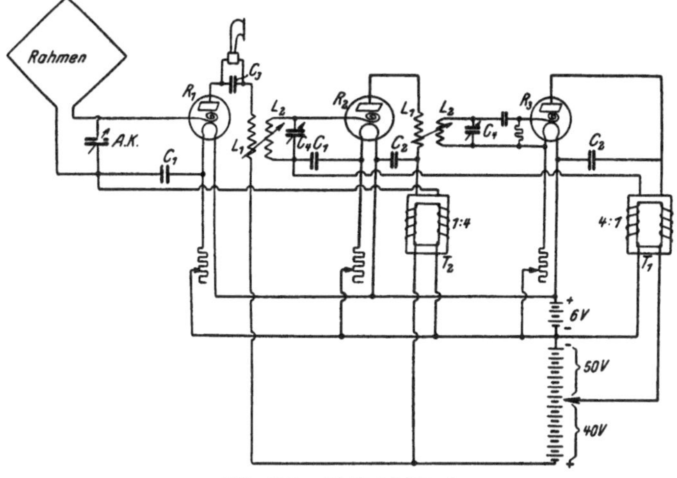

Abb. 122. H-R-19-Kreis.

seite werden an das Gitter der 2. Röhre gelegt und hier niederfrequent weiter verstärkt. Sie gelangen nun in die Primärseite des zweiten Transformators, von dessen Sekundärseite an das Gitter der ersten Röhre. Der Anodenwechselstrom (niederfrequent) durchfließt die Primärseite des dritten Transformators, der die Schwankungen auf das Gitter der letzten Röhre überträgt. Hier speist dann der Anodenstrom das Telephon. Bei dieser Schaltung ist zu beachten, daß die Anodenspannung am besten etwas mehr (20%) als normal beträgt. Die säuberliche Trennung von hochfrequentem und niederfrequentem Strom ist hier wie bei den meisten Doppelverstärkungsschaltungen dadurch erreicht, daß für die hochfreuqenten Ströme die Wicklungseigenkapazitäten der Niederfrequenztransformatoren und kleine Kondensatoren wie Kurzschlüsse wirken, während sie für den niederfrequenten Strom

(Sprechfrequenzen) eben Selbstinduktionsspulen und Kapazitäten mit hohem Wirkwiderstand sind. Als Detektor nimmt man am besten wegen der hohen Strombelastungen Karborund gegen Bronzeblech.

Eine weitere Schaltung dieser Art zeigt die nächste Abbildung. Die Kopplung zwischen den Röhren ist wieder induktiv, und zwar im Anodenkreis aperiodisch, im Gitterkreis durch den abgestimmten Schwingungskreis L_2 und C_4. Die Kopplung L_1, L_2 ist sehr fest. In der zweiten Röhre wird die Hochfrequenz weiter verstärkt und mit derselben Kopplungsart auf die dritte Röhre übertragen. Die dritte Röhre gibt ihre Energie im Anodenkreis durch den Transformator T_1 wieder auf das Gitter der zweiten Röhre, die nun diese niederfrequente Energie ihrerseits verstärkt und durch den Transformator T_2 über die Rahmenspule an das Gitter der Röhre R_1 weiterleitet. Diese gibt dann den fünffach verstärkten Strom an den Lautsprecher ab. Die Gleichrichtung wird durch die Gitterspannung der letzten Röhre ermöglicht (evtl. durch Potentiometer einzustellen).

Es ist zu beachten, daß diejenigen Röhren, die in Doppelverstärkung arbeiten, eine höhere Anodenspannung benötigen. So ist aus der Schaltung ersichtlich, daß die Röhre R_3, die einfach arbeitet, mit 50 Volt, die Röhren R_1 und R_2 als Doppelverstärker mit 90 Volt betrieben werden. Die Kondensatoren C_1 und C_2 schließen die Hochfrequenzkreise und haben außerdem eine Art Neutrodynewirkung. Die Transformatoren sind in ihren Primärseiten diesmal nicht durch Kondensatoren überbrückt, da hierdurch oft Selbsttönen der Apparatur provoziert wird. Die Hochfrequenz findet ihren Weg durch die Eigenkapazität der Primärwicklung. Das Wirkungsschema der Schaltung ist also folgendes:

Rahmenkreis — R_1 *(Hf)* — R_2 *(Hf)* — R_3 *(Gl)* über T_1 nach R_2 *(Nf)* über T_2 nach R_1 — Lautsprecher.

Während die Überrückkopplungsschaltungen durch die Kompliziertheit ihrer Handhabung in vielen Fällen nur ein laboratoriumtechnisches Interesse haben, werden die Reflexschaltungen sich ein sehr großes Anwendungsgebiet in der Praxis erwerben, da sie zuverlässig und billig sind. Man spart Röhren, Raum und Heizenergie.

c) Die Ausgleichschaltungen.

Es werden nun viele Leser sagen, wozu nur diese komplizierten Schaltungen, ich nehme eine oder zwei Röhren mehr, baue mir einen Acht- oder Zehnröhrenempfänger und gewinne ohne komplizierte Gedankengänge und Drahtwirrwarr die Empfindlichkeit und Lautstärke. Wir hatten gesehen, daß einer der günstigsten, einfachen Hochfrequenzverstärker der Kaskadenverstärker mit Sperrkreiskopplung ist. Schaltet man vier oder fünf dieser Sätze zusammen, so hätte man einen höchstempfindlichen und höchstelektiven Empfänger, da ja jeder Kreis scharf abgestimmt ist. Man hat aber die Rechnung ohne den Wirt, die Röhre, gemacht. Gesetzt den Fall, wir stimmen den Empfänger recht schön ab und heizen nun nach der Wellenmesserprobe die Röhren stärker, um Empfang zu erhalten, so beginnen die Röhren ganz ohrenzerreißend zu pfeifen und zu tönen. Woran

liegt das? Zur Aufklärung wollen wir ein Glied unserer Kaskade betrachten. S_1' sei der Schwingungskreis der Antenne, S_2 der Sperrkreis. Um guten Empfang zu erhalten, müssen beide Kreise auf die gleiche Welle scharf abgestimmt werden. Nun besitzt

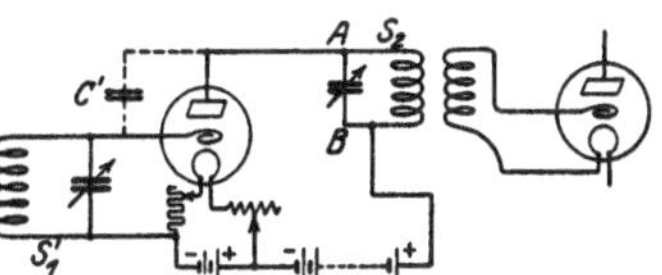

Abb. 123. Erklärung der Schwingungsneigung.

aber jede Röhre eine Kapazität zwischen Gitter und Anode (Zuführungen im Röhrensockel usw.); diese Kapazität hat ungefähr die Werte $10 \div 20$ cm und sei in unserer Abbildung durch C' dargestellt. Wir haben nun in unserer Anordnung einen idealen Sender vor uns. Gitterschwingungskreis S_1' und Anodenschwingungskreis S_2 sind scharf aufeinander abgestimmt; durch eine Kapazität C' wird rückgekoppelt. Man bedenke, in einem höchstempfindlichen Empfänger gleichzeitig drei, vier Sender, die beim kleinsten Anstoß zu schwingen beginnen, das muß ja ein fürchterliches Durcheinander von Interferenzschwingungen geben. Man muß die Röhren schwächer heizen, um ihre Schwingungsneigung herabzusetzen, und verringert damit natürlich auch ihre Empfindlichkeit und Verstärkungsziffer bedeutend. Wir müssen also Gegenmaßnahmen gegen ungewollte kapazitive Rückkopplungen schaffen. Eine Möglichkeit zur Unterdrückung ist gegeben durch den

1. Neutrodyneempfänger von Hazeltine.

Hazeltine geht von dem Gesichtspunkt aus, daß durch den kapazitiven Rückkopplungskanal C' jede Spannungsschwankung zwischen A und B auf das Gitter zurückgeführt wird, und zwar so, daß es die dortige Ursache der Anodenstromschwankung noch unterstützt und vergrößert (die bekannte Selbsterregung). Schaltet man nun in den gleichen Kreis eine Anordnung ein, die im gleichen Augenblick eine Spannungsänderung am Gitter

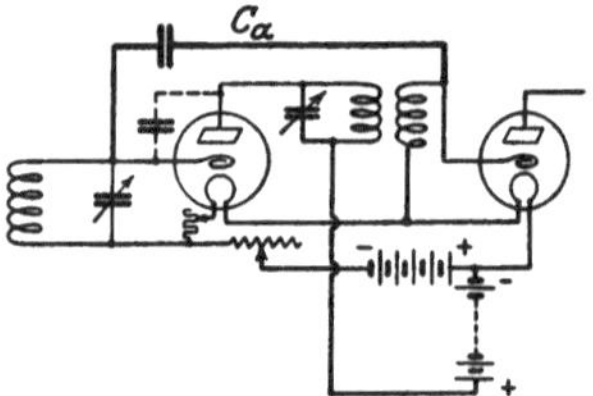

Abb. 124. Ausgleichkon-
densator nach Hazeltine.

erzeugt, die der durch die Rückkopplung C' gelieferten entgegengesetzt gleich groß ist, so ist die Schwingungsneigung aufgehoben. Das geschieht nun durch die Hazeltineschen Ausgleichkondensatoren. Nach unseren Betrachtungen über die Phasenverhältnisse beim Sender ist es klar, daß der Rückkopplungsweg: Gitterspule $\div C_a$ eine Spannung am Gitter liefert, die gerade immer umgekehrt der Spannung ist, die durch die schäd-

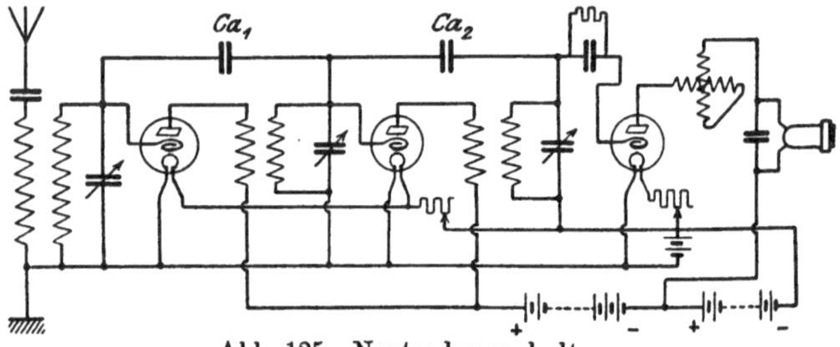

Abb. 125. Neutrodyneschaltung.

liche Röhrenkapazität C' geliefert wird. Die Spannung soll nun aber umgekehrt gleich der Spannung durch ungewollte kapazitive Rückkopplung sein, der Kondensator C_a muß also abgepaßt sein. Da die Röhrenkapazität klein, wird auch C_a sehr klein gewählt. Man nimmt am besten zwei kurze Endchen isolierten Drahtes, die man nach Belieben zusammendreht und damit einen kleinen Kondensator baut. Die Einstellung einer Hazeltine-Schaltung ist nicht schwer. Man stellt alle Abstimmkreise auf die Welle eines Signals ein, heizt nur die beiden letzten Röhren (Abb. 125) und hört dann meistens eben durch die Kapazität C' der nicht eingeschalteten Röhre (die Empfangsenergie wird durch den Kondensator Gitter $I \div$ Anode I und über den Anodentransformator der zweiten Röhre zugeführt) die Zeichen der Station. Man paßt dann C_{a1} so ab, daß die Signale verschwinden, und wiederholt dann den Vorgang für die zweite Röhre. Bei normalen Verstärkerröhren beträgt die Kapazität Anode/Gitter ungefähr 3 bis 5 cm, die Kapazität Gitter/Kathode ungefähr 5 bis 10 cm. Sind die Ausgleichkondensatoren zu klein, dann tritt wieder Rückkopplung ein, der Verstärker pfeift erst recht; sind die Kondensatoren zu groß, so tritt negative Rückkopplung ein, der Verstärker läuft sich tot; die Lautstärke nimmt ab. Sind C_{a1} und C_{a2} durch Zusammendrehen des Drahtkondensators in dieser Weise abgeglichen, so erhält man einen höchstempfindlichen Empfänger, der auch bei stärkster Heizung der Röhren nicht schwingt. Ein solcher Apparat ist wegen seiner hohen Abstimmschärfe (Selektivität) besonders bei nahen, starken Störsendern sehr brauchbar.

2. Die Brückenschaltung nach Scott-Taggart.

Wie wir gesehen haben, ist es nicht einfach, bei Hochfrequenzkaskadenschaltung eine wirkungsvolle Verstärkung zu erhalten. Man mußte früher zu künstlichen Dämpfungswiderständen, wie Widerstandstransformatoren, unvollkommene Abstimmungen oder positive Gitterspannungen, und zu starker Herabsetzung der Heizung des Glühfadens greifen, um das Selbstschwingen des Verstärkers zu vermeiden. Anstatt die höchstmögliche Verstärkung von 15fach für eine Röhre ausnützen zu können, ging man durch die Vorrichtungen zur Herabsetzung der Schwingungsneigung mit der Verstärkung auf 5fach für eine Röhre herab, sogar viele Hochfrequenzverstärker arbeiteten nur mit einer Verstärkungsziffer $\alpha = 2$. Das Übel bei den alten Dämpfungsanordnungen lag immer darin, daß die üblichen Röhren immer viel eher zu schwingen beginnen, als sie die höchste Verstärkung erreichen. Ein wirksames Mittel zur Herabsetzung der Schwingungsneigung eines Hochfrequenzverstärkers haben wir in der Neutrodyneschaltung gesehen, ein zweites, das im Prinzip dem von Hazeltine entspricht, ist die Brückenschaltung nach John Scott-Taggart. Auch Scott-Taggart sieht die Rückkopplung in der ungewünschten, aber jeder Röhre angeborenen inneren, natürlichen Kapazität C'. Scott versucht eine Neutralisierung dieser Rückkopplung durch eine Brückenschaltung. Die Wheatstonesche Brücke, wohl eine der geistreichsten Erfindungen auf dem Gebiete der Schaltungslehre, gestattet bekanntlich in ihren vielen Abarten ein überaus genaues Abwägen von Spannungszuständen gegeneinander.

In der Brückenschaltung wird eine Hochfrequenzbrücke der gezeichneten Art verwendet. Sind die beiden Kondensatoren C_3

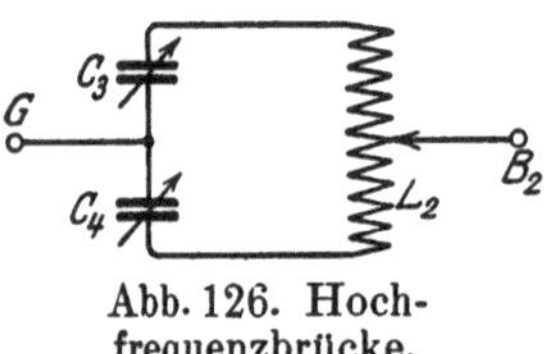

Abb. 126. Hochfrequenzbrücke.

und C_4 genau gleich groß, so kann in dem Schwingungskreis eine noch so starke Energie pendeln, die Punkte G und B_2 werden immer das gleiche Potential haben, es wird nie ein Spannungsunterschied zwischen diesen beiden Punkten bestehen. Ist aber der Kondensator C_3 größer oder kleiner als C_4, so hat G eine gegen B_2 durch die Kondensatoren beliebig einstellbare Wechselspannung. Wir können mit Leichtigkeit mit diesem „Hochfrequenzpotentiometer“ beliebige Spannungen einstellen. Schalte ich parallel zur Brücke noch einen Kondensator C_5, so ändert dieser nichts an der Potentiometerwirkung. Wir schalten nun die Brücke als

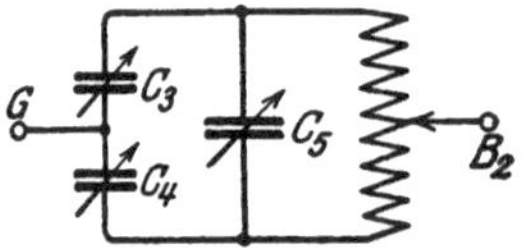

Abb. 127. Hochfrequenzbrücke mit Nebenpfadkondensator.

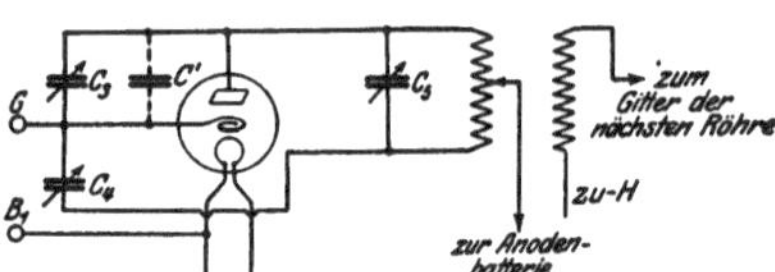

Abb. 128. Hochfrequenzbrücke für eine Röhre.

Sperrkreis in eine Hochfrequenzverstärkerkaskade und legen das Gitter der ersten Röhre an G und führen den Anodenstrom in B_2 zu. Es ist ganz verständlich, daß es immer möglich ist, durch Ausgleich der zu Kondensator C_3 parallel liegenden Röhrenkapazität C', durch Vergrößern von C_4 das Gitter von der Rückwirkung des Anodensperrkreises freizumachen und dadurch eine Selbsterregung zu verhindern. Das Gitter wird also dauernd in Ruhe bleiben, abgesehen natürlich von den Steuerspannungen, die an $G \div B_1$ liegen, weil es mit der Mitte des Anodenschwingungskreises, an der keine Spannungsschwankungen auftreten, durch

die Brücke verbunden ist. Es können also nicht so starke
Spannungsstöße zurückgeführt werden wie bei der alten Gitter-
rückkopplung durch die Eigenkapazität C', die gerade am Außen-
punkt des Sperrkreises, wo die stärksten Spannungsschwankungen
auftreten, angreift. Eine ausgeführte Hochfrequenzbrückenschal-
tung zeigt Abb. 129. In der praktischen Ausführung wählt man
am besten die Serienkondensatoren C_R sehr klein als „Einplatten-
kondensatoren" (Vernier), da hierdurch die Einstellung sehr
erleichtert wird. Die Brückenschaltung hat gegenüber der Neutrodyneschaltung den Nachteil größerer Kompliziertheit, gestattet
aber eine genauere Abgleichung. Die Neutrodyneschaltung ist

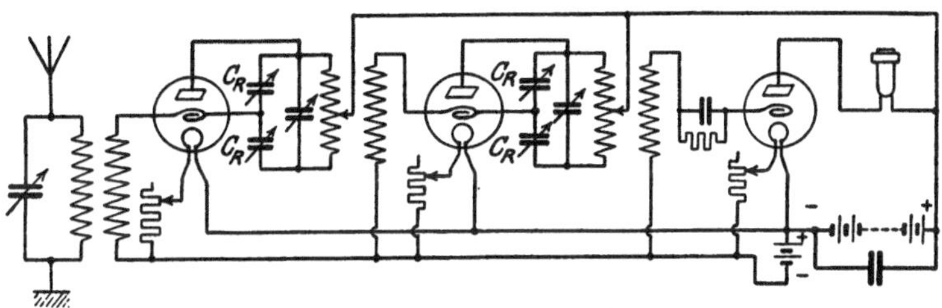

Abb. 129. Brückenschaltung nach J. Scott-Taggart.

im Grunde genommen eine rohe Brückenschaltung, bietet daher
eine recht einfache Montage; sie läßt aber nicht eine sichere
Einstellung auf Höchstempfindlichkeit zu.

Die Röhrenverbesserungen in Gestalt der Mehrgitterrohre und
die Höchstökonomieschaltungen geben in der Tat so gute Resultate, daß man meinen möchte, wir sind an einem Ende, einem
Höhepunkt der Empfangstechnik angelangt. So hat auch der
moderne Empfangstechniker sich jetzt großenteils auf ein anderes
Gebiet geworfen, das er sich eigentlich selbst eröffnet und in
seinen Schwierigkeiten verschuldet hat. Die Frage, die den
Empfangstechniker jetzt beschäftigt, ist folgende:

Wie mache ich mich von den Störungen starker Nachbarstationen frei, wenn ich im gleichen Wellenband (Rundfunk
200—600 m) schwachen Fernempfang aufnehmen will?

Zuerst war sein Bestreben, seine Station hyperempfindlich zu
machen, so daß er die Nachbarstationen ohne Antenne nur mit
den Kopplungsspulen aufnahm. Jetzt empört er sich über diese
unerwünschten „Störer" und will sie eliminieren. So scheint das

größte Augenmerk der Empfangsingenieure auf die Steigerung der
Abstimmschärfe, der „Selektivität" gerichtet zu sein. Aber es
ist immer mißlich, einer technischen Entwicklung etwas zu
prophezeien, und so wird das Kapitel über Sparröhren zeigen,
daß man wieder der Röhre zu Leibe gegangen ist, um ihre An-
wendbarkeit zu steigern.

d) Der Zwischenfrequenzverstärker.

Der Zwischenfrequenzverstärker oder Transponierungs-
empfänger ist eine Erfindung von A. Esau und A. Gothe, die
dann einige Zeit später von Armstrong angegeben wurde und
von ihm zu dem höchstwertigen Emp-
fangsgerät, das augenblicklich existiert,
entwickelt wurde. Dieses Empfangs-

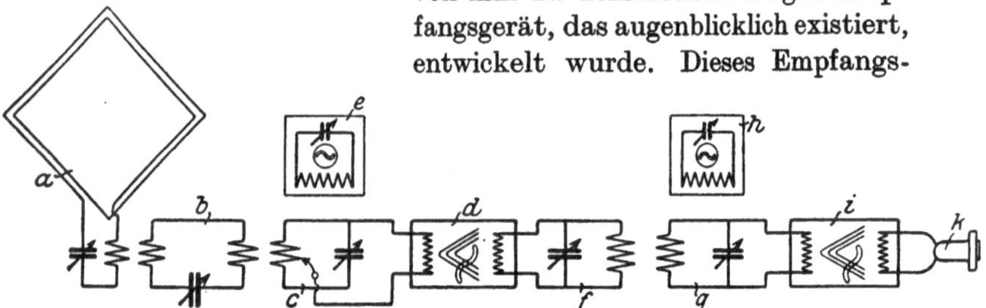

Abb. 130.   Zwischenfrequenzschaltung von Esau und Gothe.

system verfolgt den gleichen Endzweck wie die Ausgleichschal-
tungen dieses Kapitels, nämlich eine möglichst weitgetriebene
Hochfrequenzverstärkung. Während Esau mit dieser Schaltung
eine weitestgehende Abstimmschärfe zu erreichen suchte, wollte
Armstrong mit der Anordnung zum gleichen Effekt kommen
wie Hazeltine und Scott Taggart, d. i. große Hochfrequenzverstärkung auch auf kleinen Wellen trotz der zu Anfang dieses
Kapitels genannten Schwierigkeiten.

Das Schaltprinzip erläutert die Abb.130. Hierin ist a der abgestimmte Empfangsrahmen mit einer Kopplungsspule. Diese
Spule induziert auf den Zwischenkreis b, der mit dem Verstärker-
eingangskreis c gekoppelt ist. Auf den gleichen Kreis c wirkt
ein Überlagerer e. Die Empfangsschwingung im Kreis a sei
$f_E = 1\,000\,000$ Hertz, dann ist $\lambda_E = 300$ m. Der Prinzipgedanke dieser Schaltung ist nun der, daß ich den Überlagerer e so einstelle,
daß seine Schwingung und die Empfangsschwingung im Kreise c

eine solche Interferenzschwingung ergeben, die einer langen Welle, die leicht hochfrequent zu verstärken ist, also $\lambda_J = 3000$ m bis 10 000 m entspricht. Wähle ich für diese Interferenzschwingung oder Zwischenfrequenz eine Wellenlänge von z. B. 6000 m, d. h. $f_J = 50\,000$, so muß $\lambda_{\ddot{u}} = 286$ m sein, d. h. $f_{\ddot{u}} = 1\,050\,000$ oder $\lambda_{\ddot{u}} = 316$ m, $f_{\ddot{u}} = 950\,000$, denn dann ist:

$$f_E - f_{\ddot{u}} = (-.)\,f_J\,.$$

Setzt man nun in den Eingang des Zwischenverstärkers d ein Audion, so erscheint in dessen Anodenkreis nur f_F entsprechend $\lambda_J = 6000$ m. Die Kaskade in diesem Verstärker wird dementsprechend als Hochfrequenzverstärker für diese lange Welle ausgeführt, was sich ja sehr einfach mit Widerstandskopplung oder abgestimmten Transformatoren machen läßt. f ist nun der Ausgangskreis der letzten Röhre dieses auf 6000 m abgestimmten Zwischenverstärkers. Dieser Kreis f ist dann auf den Kreis g gekoppelt, der gleichzeitig von dem nur bei Telegraphieempfang laufenden Überlagerer h beeinflußt wird. g ist nichts anderes als der Gitterkreis eines zweiten Audion, das die 6000-m-Welle gleichrichtet und dadurch die übergelagerte Telephoniemodulation heraussiebt. Dieses zweite Audion ist die 1. Röhre des Endverstärkers i, der als Mehrfachniederfrequenzverstärker die Hörfrequenz vom Audion verstärkt dem Telephon oder Lautsprecher zuführt.

Das Prinzip dieser Schaltung ist also eine Umformung der schnellen Schwingungen kurzer Wellen in langsame Schwingungen mit Hilfe des Interferenzphänomens zum Zweck einer einfachen Hochfrequenzverstärkung. Das 1. Audion ist zur Erzielung dieser langsamen Schwingung notwendig, da die reine Interferenzschwingung f_J keineswegs diese langsame Schwingung ist, sondern eine in der Größenordnung zwischen f_E und $f_{\ddot{u}}$ liegende Schwingung, die nur im Takt von f_J auf- und abschwillt. Im Kreis c setzt sich also die Empfangsschwingung mit der übergelagerten Modulation und die Überlagererschwingung zu einer dritten Schwingung zusammen, die als Schwebungsfrequenz f_J besitzt und der immer noch die Modulation als langsamste Schwingung überlagert ist. Das 1. Audion läßt nur f_J mit der Modulation hindurch, während das 2. Audion auch noch f_J heraussiebt.

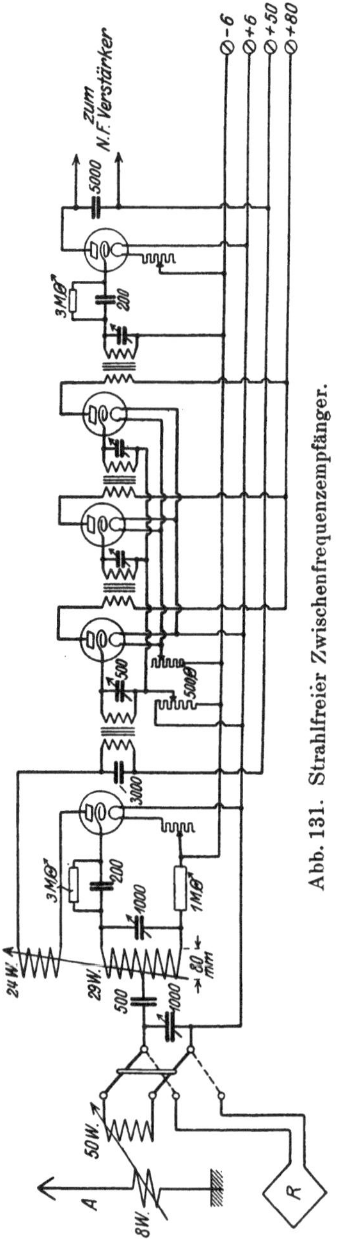

Abb. 131. Strahlfreier Zwischenfrequenzempfänger.

Die Schaltung ergibt dann nur gute Resultate, wenn mit großer Röhrenzahl gearbeitet wird. Dann sind aber die Resultate überragend gegenüber allen Vielrohrschaltungen. Diese große Röhrenzahl ist in bezug auf den Stromverbrauch ein Nachteil, der aber durch die Verwendung von Sparröhren stark gemildert wird. Um an Röhren zu sparen, hat man den 1. Überlagerer mit dem 1. Audion zu kombinieren gesucht und für Telephonieempfang den 2. Überlagerer ganz fortgelassen. Eine interessante Schaltung dieser Art zeigt die nächste Abbildung. In dieser Schaltung ist durch geschickte Anordnung jede Rückwirkung der Überlagererschwingung der 1. Röhre auf ihre Audiontätigkeit und insbesondere auf die Antenne vermieden (Nullpunktschaltung). Die Zwischentransformatoren sind Eisenkerntransformatoren mit $400 \div 800$ Windungen auf eine Spule von $\infty 2$ cm innerem Radius und $\infty 1$ cm Länge. Der Eisenkern darf, um eine nicht zu flache Abstimmkurve zu erhalten, nicht einen Querschnitt von $r_i^2 \pi$ haben, sondern höchstens $1/3$ davon. Er besteht aus isolierten Drähten oder Blechen. Der Wicklungsdraht ist $0{,}05 \div 0{,}20$ mm. Auf der Anodenspule befinden sich $\infty 300$ Windungen, auf der Gitterspule $\infty 800$ Windungen.

VII. Ausgewählte Kapitel.

a) Endverstärkung.

In den vorangehenden Abschnitten ist das Empfangsglied in der Übertragungskette Aufnahmeraum bis Lautsprecher nur von dem Gesichtspunkt der größten Ökonomie aus betrachtet worden, in diesem Kapitel soll auch die Ästhetik der Übertragung zu Worte kommen. Wir fordern also von unserem Verstärker, daß er neben größter Lautstärke und Empfindlichkeit eine vom akustischen Standpunkte aus einwandfreie Verstärkung gibt. Es ist hier klar, daß bei der Hochfrequenzverstärkung in dieser Beziehung wenig gesündigt werden kann, da bis auf zu starke Rückkopplung die hochfrequente Trägerschwingung keinen Einfluß auf die übergelagerten Sprechschwingungen haben kann. Eine Verzerrung und unrichtige Wiedergabe der niederfrequenten Schwingungen kann erst im niederfrequenten Verstärkerteil, also hinter dem Detektor oder Audion eintreten.

Eine Zerstörung der Klangreinheit kann auf zwei Ursachen zurückgeführt werden: die komplizierten Tonschwingungen werden nicht formgetreu wiedergegeben oder es werden durch den Verstärker noch fremde, parasitäre Töne hineingebracht. Die letztere Störung zeigt sich häufig durch lautes Pfeifen und Tönen des Verstärkers. Wir fanden beim Hochfrequenzverstärker eine starke Neigung zum Selbsttönen, wenn die Kopplung zwischen den Röhren durch schwingungsfähige Systeme ausgeführt wurde, und hatten aus Gegenmittel die Ausgleichmethoden nach Hazeltine und Scott Taggart gefunden. Bei unserem Niederfrequenzverstärker, der als Kopplungsmittel die üblichen Niederfrequenztransformatoren besitzen möge, bilden diese Transformatoren durch ihre Selbstinduktion und Eigenkapazität der Wicklung Schwingungskreise, deren Eigenfrequenz gerade in dem Bereich der Hörfrequenzen liegt. Es kann also bei einer mehrstufigen Niederfrequenzverstärkung vorkommen, daß der Verstärker als ein vorzüglicher Generator für Tonschwingungen sich erweist, er gibt mit größter Energie Pfeiftöne von sich. Bei wenig Verstärkerstufen hilft hier ein Umpolen einer Transformatorwicklung, da dann wie beim Schwingaudion die rückgeführte Energie bestrebt ist, die Gitterimpulse zu vernichten, anstatt sie wie beim Sender zu verstärken. Bei einem mehrstufigen Verstärker läßt sich das

Pfeifen, das jeglichen Empfang unmöglich macht, auf diesem Wege und auch durch die häufig vorgeschlagene Trennung von Heiz- und Anodenbatterien für die einzelnen Röhren nicht unterdrücken. Da sich alle Gedankengänge vom Hochfrequenzausgleich hier übertragen lassen, liegt es nahe, auch hier die Hazeltinesche Methode der Gitterausgleichkondensatoren anzuwenden. Die Abbildung zeigt einen derartigen Niederfrequenzneutrodyneverstärker. Die Kapazität der Ausgleichkondensatoren beträgt ungefähr 70 bis 100 cm, also rund zehnmal Röhrenkapazität. Da in Deutschland die auf der Sekundärseite mittelangezapfte Transformatoren

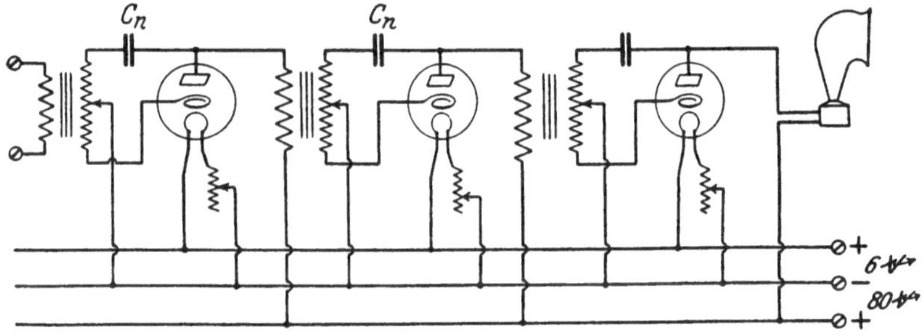

Abb. 132. Niederfrequenzneutrodyneschaltung.

(sogenannte „push pull“-Transformatoren) nicht hergestellt werden, hilft man sich am besten durch eine Hintereinanderschaltung von zwei Silitstäben (je 1 Million Ohm), die parallel zu der Sekundärwicklung liegen. Ihre Verbindung bildet dann den Anzapfungspunkt. Es ist möglich, mit dieser Schaltung 5 oder 6 Stufen einwandfrei zu betreiben, nur ist natürlich darauf zu achten, daß bei so hoher Verstärkung die letzten Röhren nicht überschrien werden.

Leider ist aber die Beseitigung des dauernden Pfeifens des Niederfrequenzverstärkers nicht das einzige Problem bei der Endverstärkung. Da die Transformatoren wegen ihrer Eigenschwingung im Bereich der Sprechfrequenzen einzelne Töne besonders hervorheben, die ganz hohen aber stark dämpfen, ist es vollkommen unmöglich, mit Transformatoren als Kopplungsmittel, einwandfreie Musikverstärkung zu erzielen. Diese Verstärker geben sogar an den besten Lautsprechern eine Klangwiedergabe, die die eines Grammophons höchstens erreicht, aber nie übertrifft. Eine wirklich gute Wiedergabe läßt sich aber erreichen, und zwar mit der Widerstandskopplung.

Bei Widerständen als Übertrager fällt jede Eigenschwingung
fort, keine Schwingung wird bevorzugt, die Übertragung ist
verzerrungsfrei. Nach den bekannten Sätzen müssen die
Übertrager einen Widerstand gleich dem inneren Röhrenwiderstand besitzen, die Übertragungskondensatoren müssen genügende
Kapazität besitzen, um die Niederfrequenz nicht abzusperren.
Da der Leistungsfaktor ein etwas ungünstiger ist, ist es gut,
Röhren mit großem Anodenstrom zu verwenden, um den Spannungsabfall $I\,a \cdot R$ möglichst groß zu machen. Einen solchen Verstärker,
der sich recht gut bewährt hat, zeigt die Abbildung. Für Saal-

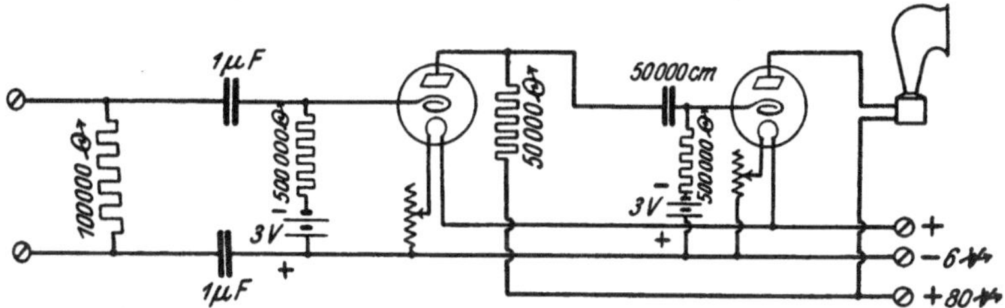

Abb. 133. Verzerrungsfreie Endverstärkung.

lautsprecher nimmt man noch eine Röhre mehr, und zwar Röhren
mit großem Anodenstrom (30 mA). Die Widerstandsverstärker
übertreffen in Zusammenarbeit mit einem guten Lautsprecher
jedes Grammophon.

b) Fadenheizung mit Wechselstrom.

Der praktische Funkfreund steht dem Wechselstrom in Verbindung mit seinem Apparat oder in der Umgebung seines Ge-
rätes sehr skeptisch gegenüber. Weiß er doch, welche Störungen
schon benachbarte Netzleitungen im Empfang hervorbringen
können. Trotz alledem läßt sich Netzwechselstrom (also 50 Per.),
wenn auch nicht für die Erzeugung der Anodenspannung, so doch
für die Fadenheizung recht gut verwenden. Würde man dies aber
ohne Überlegung tun, so würde man kaum von dem Maschinen-
geräusch freikommen. Man muß also feststellen, welchen Einfluß
die Wechselspannung am Glühfaden auf die Arbeitsweise der
Röhre hat. Es zeigt sich nun, daß der Emissionsstrom sich nicht
ändert, wenn bei gleicher Effektivstromstärke der Faden mit
Gleich- oder Wechselstrom geheizt wird. Einem jedem wird es

aber einleuchtend sein, daß man die Gitter- und Anodenanschlüsse auf keinen Fall an das eine Ende des Heizfadens legen darf, denn dann würden ja Gitter und Anode 100 mal in der Sekunde ihr Potential um die effektive Wechselspannung gegenüber dem mittleren Nullpotential des Fadens ändern. (Das eine Ende des Transformators ist in jeder Sekunde 50 mal positiv und 50 mal negativ.)

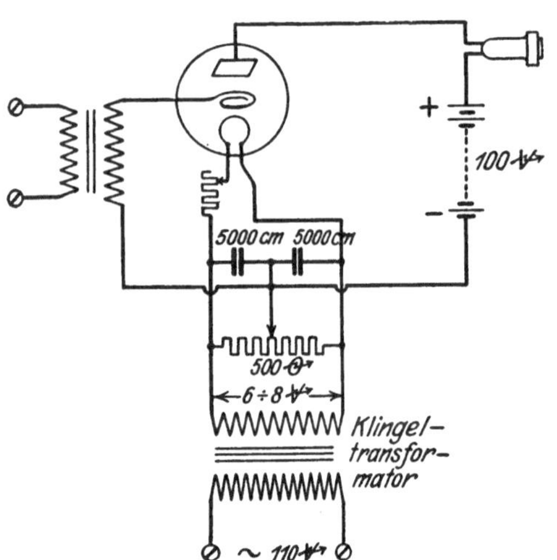

Abb. 134. Niederfrequenzverstärker mit Wechselstromheizung.

Diesen Nachteil kann man leicht durch eine Potentiometeranordnung, wie sie die Figur zeigt, vermeiden. Man legt die Gitter- und Anodenzuführung an die Mitte des Heizfadens; da man dort meistens nicht herankann, bewirkt man das gleiche durch die Parallelschaltung eines hochohmigen Potentiometers. Man könnte dieselbe Brückenschaltung durch zwei gleichgroße Widerstände erreichen, wenn nicht der Heizregelwiderstand das Verhältnis verschieben würde. Die beiden 5000-cm-Kondensatoren geben den Ausgleich für die schnelleren Wechselströme. Es ist selbstverständlich, daß die wechselstromführenden Heizleitungen verdrillt verlegt werden müssen, um magnetische Beeinflussungen zu vermeiden. Die Anordnung arbeitet ziemlich gut, nur treten bei starker Rückkopplung und auch bei sehr unsymmetrischem Wechselstrom die Netzstörungen wieder stark hervor.

VIII. Die Tendenzen der modernen Röhrenkonstruktionen.

Nachdem es durch die Anforderungen des Krieges beschleunigt gelungen war, die Vorgänge in der Elektronenröhre, wenigstens bei der Eingitterröhre, mit großer Exaktheit mathematisch darzustellen und in sämtlichen Fällen qualitativ und quantitativ vorauszuberechnen, hatte man zuerst sein Augenmerk in den ersten Friedensjahren darauf gelenkt, durch besonders günstige Formgebungen bei Beibehaltung des normalen Aufbaus auf den höchsten Wirkungsgrad zu bringen und durch geeignete Fabrikationsmethoden den Herstellungspreis weitestgehend herabzusetzen. Als es dann gelungen war, die Evakuierungsmethoden so weit zu verbessern, daß auch die letzten, mit einer ganz besonders großen Zähigkeit an den Metallelektroden sitzenden Gasreste zu entfernen, konnte man dazu übergehen, die Größe der Röhren zu reduzieren und Verstärkerröhren im Streichholzschachtelformat zu bauen. Eine zweite Tendenz ging dahin, neben der Anodenspannung auch den Heizstrom möglichst herabzusetzen. Die ersten Versuche liegen schon weit zurück. Sowohl in Deutschland als auch im Auslande versuchte man Röhren besonders als Starkstromröhren für die Drahttelephonie zu entwickeln, die die hohe Elektronenemission der Oxydkathoden ausnutzen. Wie wir ja in den Anfangskapiteln gesehen haben, zeichnen sich die Oxyde der Erdalkalimetalle durch eine überraschend große Elektronenemission aus; es gelingt schon bei geringen Heiztemperaturen ganz erhebliche Sättigungsströme zu erzielen. Aber die Oxydkathoden zeigten sich sehr widerspenstig, sie brannten bald durch, geben viel Gas ab und waren unzuverlässig in der Emission. Es hatte Jahre gedauert, bis man in der Lage war, sicher arbeitende Röhren zu konstruieren, wie sie jetzt in der Drahtferntelephonie und als Amateurröhren große Verwendung finden.

Aus patentrechtlichen Gründen hat die Röhrenfabrik Dr. N i c k e l als Gegenstück zu den O x y d röhren ihre Ultra h y d r i d röhren herausgebracht. Es hat sich gezeigt, daß bei den entsprechenden Vorsichtsmaßregeln die Röhren bei geringem Heizverbrauch gut arbeiten.

Ein dritter Weg hat jetzt in der allerneusten Zeit zu einem sehr befriedigenden Resultat geführt; es ist dies die Entwicklung der Sparlampen oder „Rotglutstrahler" (Dull emitter). (Siehe Röhrentabelle.) Im Kapitel über Elektronenemission hatte ich die Daten über das Thorium mit einem Ausrufungszeichen versehen, denn das Thorium zeigt eine ganz auffallend starke Elektronenstrahlung. Es gelingt bei Thorium schon bei 600—700°C die für die normalen Röhren üblichen Sättigungsströme zu erzielen. Da das Thorium katalytisch wirkt, braucht nicht einmal der Heizfaden aus Thorium zu bestehen, sondern man bedeckt einen gewöhnlichen Heizfaden mit einer ganz dünnen Thoriumschicht, die nicht dicker als der Durchmesser eines Atoms (!) zu sein braucht. Diese Röhren, „Dull emitter", sind in England sehr weit entwickelt worden, es gibt Rotglutstrahlerröhren, die bei einer Fadenspannung von 1,5 V nur 0,06 A Heizstrom (!) verbrauchen. Man ist also endlich frei von den üblen Heizakkumulatoren, zwei kleine Taschenbatterien genügen vollkommen für den ganzen Apparat. Da das Thorium sehr empfindlich gegen Gasreste ist (geringe Spuren von O oder H vernichten durch Oxydation die Emissionsfähigkeit), bringt man in Röhren metallisches Magnesium ein, das zu obigen Gasen eine große Affinität besitzt und alle Reste an sich reißt. Durch diesen Magnesiumniederschlag an den Glaswänden erhalten die Röhren das verspiegelte, „versilberte" Aussehen.

Die Western Electric hat neuerdings eine Röhre mit 0,025 A Heizstrom herausgebracht. Ein kleiner Koffer mit zwei Röhren in Armstrong-Schaltung, einer kleinen Rahmenantenne und einem kleinen Lautsprecher gestatten dem Besitzer, unabhängig von jeder zivilisationsfordernden Stromquelle im Gebirge, auf der Vergnügungsjacht, im Auto und auf der Wanderung, fern von allen Kulturstätten doch im Zusammenhang zu bleiben mit dem Leben und Denken der ganzen Welt.

Erklärung einiger in vorliegender Schrift angewandter Fremdwörter.

Ampere: Einheit der Stromstärke; 1 A ist der Strom, der in 1 Sekunde bei Durchgang durch eine Silbernitratlösung 1,118 mg Silber ausscheidet.

Amplitude: Schwingungs- oder Ausschlagsweite einer Schwingung; meistens in Winkelgraden angeben, bei Wechselströmen und -spannungen entsprechend in A und V.

Anode: Eintrittstelle (also Pluspol) eines Stromes in eine elektrolytische Zersetzungszelle oder in ein Entladungsrohr.

Antenne: Empfangsorgan für die elektrischen Wellen, das die Änderungen des elektrischen Feldes in Wechselströme umformt. (Hochantenne, Zimmerantenne, Rahmenantenne.)

Äther: Ein gedachtes Mittel, das die Fernwirkungen im Elektromagnetismus (Licht, Elektrizität, Magnetismus, Schwerkraft) überträgt. Während der gewöhnliche Raum nur geometrische Eigenschaften besitzt (Länge, Breite usw.), ist Äther der Raum mit elektromagnetischen Eigenschaften.

Atom: Kleinstes durch chemische Mittel erhältliches Teilchen der Materie.

Audiofrequenz: Bereich der hörbaren Wechselzahlen, d. h. von $16 \div 20\,000$ Wechsel in der Sekunde $= 16 \div 20\,000$ Hertz. (1 Hertz = 1 Periode in der Sekunde.)

Audion: Empfangsröhre, die die unhörbare Hochfrequenz in Hörfrequenz umformt.

Autodyne: Selbsterreger = Vorrichtung, die selbst Schwingungen erzeugt.

Charakteristik: Kennlinie = zeichnerische Darstellung der gegenseitigen Abhängigkeit von Strom- und Spannungsverhältnissen.

Coulomb: Einheit der Strommenge; 1 Cb ist diejenige Strommenge, die bei 1 A in einer Sekunde durch den Leiter fließt.

Detektor: Ventilartig wirkende Zelle zur Gleichrichtung von Hochfrequenzströmen.

Dullemitter: Rotglutstrahler; Röhren, die eine Thoriumkathode besitzen und einen sehr kleinen ($0,25 \div 0,06$ A) Heizstrom benötigen.

Dynatron: Amerikanische Schwingungsröhre.

Elektrode: Leitungseinführung in eine elektrolytische Zelle oder in ein Entladungsrohr.

Elektron: Kleinstes Teilchen der materiell gedachten Elektrizität („Elektrizitätsatom").

Emission: Aussendung, Ausstrahlung.

Frequenz: Wechselzahl einer Schwingung in der Sekunde:

$$\text{Hochfrequenz} = 100000 \div 5000000 \ \frac{\text{Perioden}}{\text{sec.}} \quad \left(1 \ \frac{\text{Periode}}{\text{sec.}} = 1 \ \text{Hertz.} \right)$$

Mittelfrequenz $= 20000 \div 100000$ Hertz.

Hörfrequenz $= 20 \div 20000$ Hertz.

Funktion: Mathematische Darstellung der gegenseitigen Abhängigkeit zweier oder mehrerer Erscheinungen voneinander.

Generator: Energieerzeuger.

Heterodyne: Fremderregung; Hilfssender zur Erzeugung von Überlagerungsschwingungen.

Honeycombspule: Selbstinduktionsspule, bei der durch besondere Wicklungsart die Eigenkapazität herabgesetzt ist. (Honigwabenspule, Zickzackwindung.)

Hypothese: Vorstellung über einen noch unbekannten Vorgang, wodurch die Voraussage wahrscheinlicher Erscheinungen ermöglicht wird.

Hysteresis: ist das Nachhinken magnetischer und dielektrischer Erscheinungen hinter den erzeugenden Ursachen besonders bei Eisen und Isolierstoffen. Bei Wechselströmen hoher Wechselzahl werden hierdurch nicht unerhebliche Verluste hervorgerufen.

Induktion: ist die Beeinflussung von Leitern durch die Kraftlinien magnetischer oder elektrischer Felder.

Impedanz: Wechselstromwiderstand; die Impedanz hat meistens ganz vom Gleichstromwiderstand abweichende (kleinere oder größere) Werte.

$$\text{Impedanz} = Z = \sqrt{ R^2 + \left(\omega L - \frac{1}{\omega C} \right)^2 } \ ; \quad R = \text{Gleichstromwiderstand}$$

in Ohm; $L = $ Selbstinduktion in Henry; $C = $ Kapazität in Farad; $\omega = 2\,\pi\nu$; $\nu = $ Frequenz in Perioden pro Sekunde; Z in Ohm.

Interferenz: Schwebungen; sie treten auf, wenn zwei Schwingungen verschiedener Periodenzahl zusammentreffen.

Kapazität: Eigenschaft einer elektrischen Anordnung, Elektrizität in sich aufzunehmen. Ein Kondensator ist ein solcher Elektrizitätssammler; Maßeinheit ist das Farad. 1 F $= 10^6\ \mu$F (Mikrofarad); 1 μF $= 900000$ cm.

Kaskade: Stufenförmige Hintereinanderschaltung von Schaltorganen.

Kathode: Austrittstelle (also Minuspol) eines Stromes in eine elektrolytische Zersetzungszelle oder in ein Entladungsrohr.

Kelvin: Maßeinheit der absoluten Temperatur: $0°$ Kelvin $= -273°$ C.

Kenotron: Hochspannungsgleichrichter in Form eines Glühkathodenrohrs mit absolutem Vakuum.

Konstante: unveränderliche Größe. constant $=$ const. $=$ c. $=$ unveränderlich.

Kontrolle: Beeinflussung eines Hochfrequenzerzeugers durch Sprechwechselströme.

Materie: Träge Masse im Gegensatz zum Äther. (Materie besitzt Gewicht.)
Modulation: Grad und Form der Beeinflussung eines Hochfrequenzstroms durch Sprechströme.
Molekül: Kleinstes, durch mechanische Teilung erreichbares Teilchen der Materie.

Neutrodyne: Schaltanordnung, bei der Eigenschwingungen (störendes Pfeifen usw.) neutralisiert = aufgehoben sind.
Niveau: Linie oder Fläche gleicher Bestimmungszahlen.

Ohm: Einheit des Widerstands: 1 $\mathcal{O}$ = Widerstand eines Quecksilberfadens von 1,063 m Länge und 1 mm² Querschnitt.

Phase: Phase ist das zeitliche Verhältnis einer Schwingung zu einem gewählten Nullpunkt oder zweier Schwingungen zueinander.
Pliotron: ist der amerikanische Name für die Eingitterlampe.
Pliodynatron: ist die Kombination von Pliotron und Dynatron.
Potential: ist das Spannungsverhältnis eines Körpers gegen das absolute 0-Potential, den Elektronenvorrat der Erde. Die Erde ist der größte Leiter, der unseren Messungen zugänglich ist; wir setzen daher sein Potential gleich 0. Die Spannung zweier Leiter ist die Potentialdifferenz zwischen beiden.
Potentiometer: ist eine Schaltanordnung zur Einstellung beliebiger Spannungen.
Primär: Primär ist bei zwei miteinander verbundenen (gekoppelten) Stromkreisen derjenige Kreis, der dem Stromerzeuger zunächst liegt.

Reduktion: ist die Zurückführung einer Größe auf einen kleineren Wert.
Reflexschaltung: ist eine Schaltanordnung, bei der die einzelnen Röhren zur Hoch- und Niederfrequenzverstärkung gleichzeitig herangezogen werden.
Relais: Ein Relais ist ein schalttechnisches Zwischenglied, das zur Umwandlung schwacher Ströme in stärkere dient.
Resonanz: ist die durch den Gleichtakt zweier gekoppelter Schwingungen hervorgerufene Steigerung der Ausschlagweiten der erregten Schwingungen.

Selektivität: Ein Empfänger ist selektiv, wenn er gestattet, Stationen mit geringen Wellenlängenunterschieden störungsfrei aufzunehmen.
Sekundär: ist bei zwei miteinander gekoppelten Stromkreisen derjenige Kreis, der dem Stromempfänger zunächst liegt.
Skalar: ist ein Meßwert, bei dem nur die absolute Größe festgestellt wird.
Synchronismus: ist die genau zeitliche Übereinstimmung zweier Vorgänge.

Transformator: ist ein Umformer für Wechselspannungen. Ein Transformator besteht in den meisten Fällen aus zwei Spulen, die durch ein magnetisches Feld gekoppelt sind.

Tungar: ist ein Glühkathodengleichrichter mit Edelgasfüllung, der für die Gleichrichtung starker Ströme geeignet ist.

Ultraaudion: ist ein Audionempfänger mit magnetischer Rückkopplung.

Vakuum: ist ein Raum, aus dem das Gas bis auf den letzten Rest entfernt worden ist.

Vektor: ist ein Meßwert, bei dem neben der absoluten Größe auch die Richtung festgestellt wird.

Vernier: (Name des Erfinders des Nonius) ist eine Feinstelleinrichtung für Drehkondensatoren, Heizwiderstände usw.

Umrechnungstabellen.

Tabelle zur Umrechnung MF in cm: μH in cm.

$1\ MF = 900\,000$ cm			$1\ MH = 10^{-6}\,H = 1000$ cm			
1	$\mu F =$	$900\,000$ cm	$1\,000\,000$	$\mu H =$	**1**	$H = 10^9$ cm
0,9	„ $=$	$810\,000$ „	$100\,000$	„ $= 0,1$	„ $= 10^8$	„
0,8	„ $=$	$720\,000$ „	$10\,000$	„ $= 0,01$	„ $= 10^7$	„
0,7	„ $=$	$630\,000$ „	$1\,000$	„ $= 0,001$	„ $= 10^6$	„
0,6	„ $=$	$540\,000$ „	100	„ $= 10^{-4}$	„ $= 100\,000$	„
0,5	„ $=$	$450\,000$ „	10	„ $= 10^{-5}$	„ $= 10\,000$	„
0,4	„ $=$	$360\,000$ „	**1**	„ $= 10^{-6}$	„ $= 1\,000$	„
0,3	„ $=$	$270\,000$ „	$0,1$	„ $= 10^{-7}$	„ $= 100$	„
0,2	„ $=$	$180\,000$ „	$0,01$	„ $= 10^{-8}$	„ $= 10$	„
0,1	„ $=$	$90\,000$ „	$0,001$	„ $= 10^{-9}$	„ $=$ **1**	„
0,01	„ $=$	$9\,000$ „				
0,001	„ $=$	900 „				
0,0001	„ $=$	90 „				

Bei einer viellagigen Spule erhält man bei geringster Drahtlänge die größte Selbstinduktion, wenn:
$$r_m : l : d = 1,5 : 1,2 : 1.$$
Es ist dann:

Selbstinduktion in Henry $= 2,56 \cdot L \cdot n \cdot 10^{-9}$ H

$r_m = \dfrac{R + r}{2} =$ Durchschnittsradius $[R =$ äußerer Halbmesser
$\phantom{r_m = \dfrac{R + r}{2} =}$ $r =$ innerer „ $]$.

$l =$ axiale Länge der Spule; $\;d = R - r =$ Dicke der Wicklung;
$L =$ Länge des gesamten Drahtes; $\;n =$ Windungszahl.

Tabelle zur Umrechnung von engl. Drahtstärken in metrisches Maß.

SWG = Imperial Standard Wire Gange.
s. s. c. = 1× Seide umsponnen
d. s. c. = 2× „ „
s. c. c. = 1× Baumwolle umsponnen
d. c. c. = 2× „ „

WG	Engl. Zoll	mm	WG	Engl. Zoll	mm	WG	Engl. Zoll	mm
7/0	0,500	12,70	13	0,092	2,33	32	0,0108	0,274
6/0	0,464	11,78	14	0,080	2,03	33	0,0100	0,254
5/0	0,432	10,97	15	0,072	1,83	34	0,0092	0,233
4/0	0,400	10,16	16	0,064	1,62	35	0,0084	0,213
3/0	0,372	9,45	17	0,056	1,42	36	0,0076	0,193
2/0	0,348	8,84	18	0,048	1,22	37	0,0068	0,172
0	0,324	8,23	19	0,040	1,01	38	0,0060	0,150
1	0,300	7,62	20	0,036	0,914	39	0,0052	0,132
2	0,276	7,01	21	0,032	0,813	40	0,0048	0,122
3	0,252	6,40	22	0,028	0,711	41	0,0044	0,111
4	0,232	5,89	23	0,024	0,610	42	0,0040	0,101
5	0,212	5,38	24	0,022	0,559	43	0,0036	0,091
6	0,192	4,87	25	0,020	0,508	44	0,0032	0,081
7	0,176	4,47	26	0,018	0,457	45	0,0028	0,071
8	0,160	4,06	27	0,0164	0,416	46	0,0024	0,061
9	0,144	3,65	28	0,0148	0,376	47	0,0020	0,0508
10	0,128	3,25	29	0,0136	0,345	48	0,0016	0,0406
11	0,116	2,94	30	0,0124	0,315	49	0,0012	0,0305
12	0,104	2,64	31	0,0116	0,294	50	0,0010	0,0254

Bibliothek des Radio-Amateurs

Herausgegeben von Dr. **Eugen Nesper**

1. B a n d : **Meßtechnik für Radio-Amateure.** Von Dr. **Eugen Nesper.** Z w e i t e Auflage. Mit 48 Textabbildungen. (56 S.) 1924.
0.90 Goldmark

2. B a n d : **Die physikalischen Grundlagen der Radiotechnik** mit besonderer Berücksichtigung der Empfangseinrichtungen. Von Dr. **Wilhelm Spreen.** Z w e i t e Auflage. Mit 111 Textabbildungen. (143 S.) 1924.
2.10 Goldmark

3. B a n d : **Schaltungsbuch für Radio-Amateure.** Von **Karl Treyse.** Z w e i t e , vervollständigte Auflage. Mit 141 Textabbildungen. (58 S.) 1924.
1.20 Goldmark

4. B a n d : **Die Röhre und ihre Anwendung.** Von **Hellmuth C. Riepka,** zweiter Vorsitzender des Deutschen Radio-Clubs. Z w e i t e Auflage. Mit 134 Textabbildungen.
Erscheint Ende 1924

5. B a n d : **Der Rahmenempfang—Hochfrequenz-Verstärker.** Ein Leitfaden für Radiotechniker. Von Ing. **Max Baumgart.** Z w e i t e Auflage. Mit etwa 30 Textabbildungen.
Erscheint Anfang 1925

6. B a n d : **Stromquellen für den Röhrenempfang** (Batterien und Akkumulatoren). Von Dr. **Wilhelm Spreen.** Mit 61 Textabbildungen. (72 S.) 1924.
1.50 Goldmark

7. B a n d : **Wie baue ich einen einfachen Detektor-Empfänger?** Von Dr. **Eugen Nesper.** Mit 30 Abbildungen im Text und auf einer Tafel. (56 S.) 1925.
1.35 Goldmark

8. B a n d : **Nomographische Tafeln.** Von Dr. **Ludwig Bergmann.** Mit 47 Textabbildungen und 2 Tafeln. (79 S.) 1925.   2.10 Goldmark

9. B a n d : **Der Neutrodyne-Empfänger.** Von Dr. **Rosa Horsky.** Mit 75 Textabbildungen.
Erscheint Anfang 1925

10. B a n d : **Wie lernt man morsen?** Von Studienrat **Julius Albrecht.** Mit 7 Textabbildungen. (38 S.) 1924.   1.35 Goldmark

11. B a n d : **Der Niederfrequenz-Verstärker.** Von Ing. **O. Kappelmayer.** Mit 36 Textabbildungen. (84 S.) 1924.   1.65 Goldmark

12. B a n d : **Formeln und Tabellen.** Von Dr. **Wilhelm Spreen.** Mit etwa 33 Textabbildungen.
Erscheint Anfang 1925

13. B a n d : **Wie stellt man einen Röhrenempfänger selbst her?** Von **Karl Treyse.**
In Vorbereitung

14. B a n d : **Die Telephoniesender.** Von Dr. **P. Lertes.**   In Vorbereitung

In Vorbereitung befinden sich:

Innenantenne (Zimmer- und Rahmenantenne). Von H e l l m u t h C. R i e p k a.

Der Radio-Amateur im Gebirge. Von Oberst A n d e r l e.

Fehlerbuch des Radio-Amateurs. Von Ingenieur S i e g m u n d S t r a u ß.

Baumaterialien für den Radio-Amateur. Von Ingenieur F. C r e m s e r.

Der Hochfrequenz-Verstärker. Von Dipl.-Ing. Dr. A r t h u r H a m m.

Erstklassige Empfangsapparate für Nah- und Fern-Empfang! Hochwertige Einzelteile zum Selbstbau!

Beweis für Qualität und reelle Bedienung:

Täglich eingehende Nachbestellungen meiner Kunden aus allen Teilen Deutschlands. Weit über 1000 Anlagen geliefert! Hunderte freiwilliger Anerkennungen! Hunderte von Kunden betreten täglich zum Einkauf meine Geschäftsräume!

F. Ehrenfeld, Frankfurt a. M., Zeil 100